安全に、美味しく食べるための

TEXTBOOK OF GIBIER

ジビエ
解体・調理
の教科書

BUTCHERY & COOKING

一般社団法人 日本ジビエ振興協会 [監修]

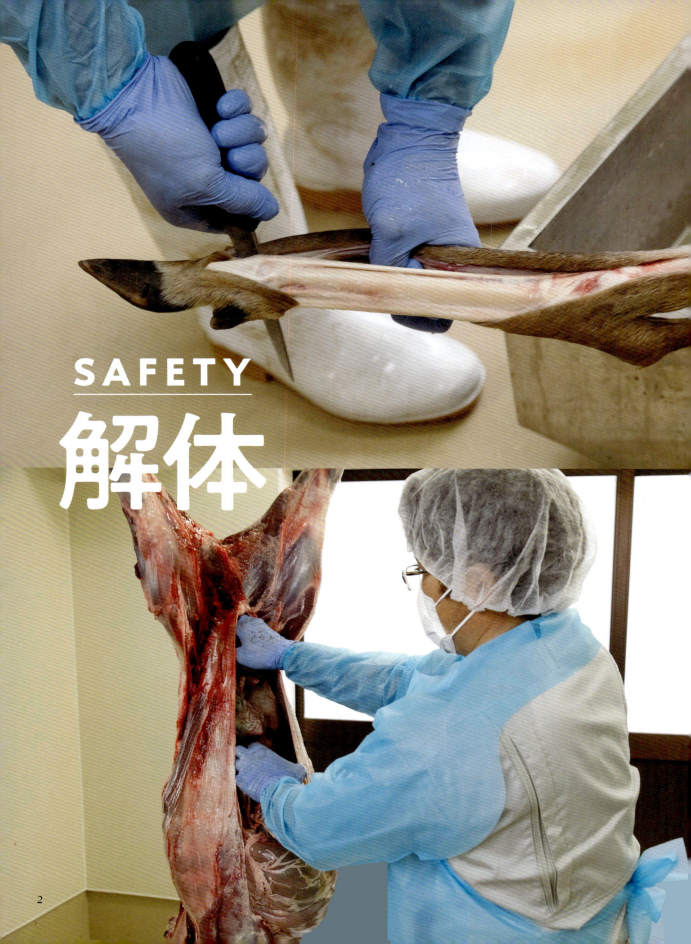

SAFETY
解体

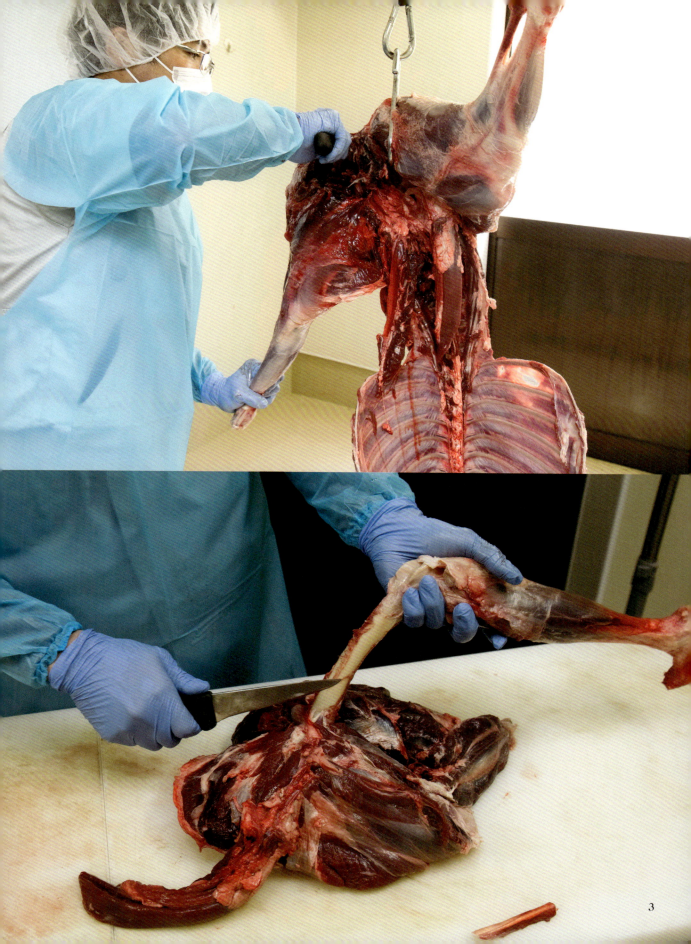

3

DELICIOUS
調理

はじめに

　かつて、ジビエは各地域内で完結する食文化であった。地元の山で捕獲したイノシシやシカは、捕獲した猟師が自らの楽しみとして食し、場合によっては近隣へお裾分けされる。地元の旅館で牡丹鍋（イノシシ）や紅葉鍋（シカ）が提供され、その地を訪れた人が味わうことはあっても、肉が遠くまで運ばれていくことはほとんどなかった。

　現在、全国に広がる野生鳥獣による山林や田畑への食害を防ぎ、個体数を適正頭数に戻すため、多くのシカやイノシシが捕獲されるようになった。地域で食べきれないほどの頭数を捕獲しなければならない現状だ。捕獲してもほとんどが埋設か焼却されるだけで、食肉として利用されているのは2017年時点で7パーセントに過ぎないが、捕獲の増加とともに「なるべく食肉利用するように」というのが国の動きである。

　そもそも個人の楽しみのために狩猟するというジビエの食文化の中で、商品として余所へ出すために捕獲し、衛生管理をし、情報の見える化をして出荷する、ということを求められる捕獲現場には戸惑いも多い。

　それでも、野生鳥獣専用の食肉処理施設は増え続け、以前のような「猟師の仲間内で小遣い稼ぎにでもしよう」という趣味の延長上のような施設ではなく、ビジネスとして成り立つことを目指した施設も増えてきている。

　2018年5月には、「国産ジビエ認証制度」が制定された。数ある食肉処理施設の中で、厚生労働省の「野生鳥獣肉の衛生管理に関する指針（ガイドライン）」を遵守して解体処理している施設を認証する制度で、申請にあたっては日々の作業記録、枝肉や製品の定期的な拭き取り検査の実施結果などの提出が求められる。趣味では到底対応できない日々の管理が必要だが、消費者や外食産業はほかの食肉と同レベルの品質管理を当然としていて、認証制度で求められている条件は食品業界では当たり前のことである。

　地域完結の食文化の中にあったジビエが、にわかに食品として位置づけられ、広い世界へ押し出されてきたときに、関係者は戸惑いの渦の中に放り込まれたことと想像する。捕獲者は衛生的且つ的確な血抜きを求められる。食肉処理施設では病気の確認や衛生管理を行うのに加え、肉の特性も熟知して営業しなければ、消費者は食べ慣れないジビエを買ってくれない。これまでの当たり前が通用しなくなったジビエの世界で、「安全な肉」を生み出し、「美味しいジビエ料理」を作るまでに必要な知識をまとめたのが本書である。

　捕獲、解体処理、骨を含めすべての部位を使い切るための調理、皮の活用までの幅広い情報を掲載した。少しでも鳥獣被害対策やジビエによる地域振興に取り組む方々のお役に立てれば幸いである。

　　　　　　　　　　　　　一般社団法人日本ジビエ振興協会　代表理事　藤木徳彦

CONTENTS

第1章 急増する野生動物被害の実態

深刻化する野生動物の被害 …………… 12
手を打たないとどうなるのか？ …………… 14
野生動物急増の要因 …………… 16
害獣捕獲の現状と実態 …………… 20
食肉の利活用を推進するには …………… 24
衛生について意識しよう …………… 26
ジビエを美味しくする止め刺し …………… 28
運搬でジビエの鮮度が決まる …………… 30

第2章 解体編

解体に使う道具と服装 …………… 34
解体作業を行う環境 …………… 36
解体作業の流れ …………… 38

【鴨をさばく】
鴨肉の部位 …………… 41
陸鳥と水鳥の違い …………… 42
羽をむしる …………… 44
内臓の摘出 …………… 47
肉の切り分け …………… 48

【鹿をさばく】
鹿肉の部位 …………… 55
洗浄・剥皮 …………… 56
内臓の摘出 …………… 63
解体 …………… 68
肉の切り分け …………… 73

【猪をさばく】
猪肉の部位 …………… 79
洗浄・剥皮の準備 …………… 80
剥皮 …………… 82
内臓の摘出 …………… 87

【穴熊をさばく】
穴熊肉の部位 …………… 91
洗浄・剥皮の準備 …………… 92
内臓の摘出・解体 …………… 98
獣皮の活用 …………… 102

第3章 調理編

ジビエの奥深さ …………… 106
ジビエ肉のことを知ろう …………… 108
栄養価からみたジビエ肉 …………… 110
家畜とジビエの違い …………… 112
衛生管理のポイント …………… 114
安全に食べるためのガイドライン …… 116
美味しく安全な加熱条件 …………… 118
基本の調理法「ポワレ」…………… 120
美味しく食べるための下処理 …………… 124
各部位の特徴とおすすめの調理法 …………… 130
骨をボーンブロスとして活用する …………… 136

【鹿肉のレシピ】
鹿内モモカツレツ …………… 138
鹿ミンチ ハンバーグ ラタトゥイユ添え …………… 140
鹿ミンチ ミートソースとジャガイモのグラタン
 …………… 142
鹿スネとバナナのタルト …………… 144
鹿シンタマ トマトシチュー …………… 146
鹿シンタマ オイスターソース炒め …………… 148
鹿スネ ポン酢和え …………… 150
鹿内モモ唐揚げ …………… 151

【猪肉のレシピ】

手づくり猪肉ソーセージ ·················· 152

猪バラ肉と大根の煮込み ·················· 154

猪スペアリブとピンクレディーの煮込み

·················· 156

猪ロースとお野菜の鍋 ·················· 157

猪モモ肉とキノコのストロガノフカレー風味

·················· 158

皮付き猪バラ肉の冷製サラダ仕立て ·················· 159

【鳥肉のレシピ】

鴨ムネ肉と野菜のポトフ ·················· 160

キジのムース シャインマスカットと

キノコのクリームソース ·················· 162

山鳩の1羽のポワレ サラダ仕立て ·················· 163

すずめ焼きハチミツとスパイスの香り ·················· 164

第 **4** 章
食肉利活用のための取り組み

ラーメン協会の取り組み ·················· 166

ジビエ料理コンテスト ·················· 168

各地でのフェア・セミナー ·················· 170

ジビエ利用拡大に向けた取り組み

·················· 172

付録

鹿肉・猪肉のカットチャート ·················· 174

☆注意事項
● 本書で紹介しているジビエは、食肉に活用されるものを選んでいます。
● 本書には、食肉解体写真が多く掲載されています。
● 解体・調理を自身で行う際は、自己責任のもと衛生面を第一に行ってください。万が一食中毒や事故等が発生した場合も監修者および弊社は一切の責任を負いません。

第 **1** 章

急増する野生動物被害の実態

ジビエの解体、そして調理がなぜ必要なのか。
日本が抱えている野生鳥獣の実態を知ることで、
必要性の高まりを認識することができるはずです。

野生動物による被害編

深刻化する野生動物の被害

食べると美味だけれど農業や林業に携わる人を食害で悩ませ続けるのがイノシシやシカなどのジビエ。では被害の実態とはどのようなものなのか？ データでひも解いてみましょう。

農作物の被害がなんと171億円。
とくにシカ、イノシシ問題が深刻に

　無残にも食い荒らされたトウモロコシ、掘り返されたたくさんのイモ類……。近年、テレビや新聞では野生動物による農作物被害のニュースが頻繁に報じられるようになってきました。

　農林水産省のデータによれば、平成28年度の野生鳥獣による農作物の被害は全国で171億円にも達しています。なかでも被害額が突出しているのがシカとイノシシによるもので、ともに50億円を超えています。こうした食害は経済的損失だけでなく、農家の営農意欲を奪うことで、耕作放棄地に至る一因にもなっています。さらに被害は農作物だけにとどまらず、生態系へのダメージや希少生物の減少など、さまざまなところに広がっているのです。

　そこで、このページではシカやイノシシを中心に、深刻化する野生動物による被害の実態を紹介していきましょう。ジビエの食肉利活用を推進しなければならない理由がよく見えてきます。

（ こんな被害が起きている！ ）

野生動物による被害は農作物被害、自然環境の破壊、希少動物の絶滅など多岐にわたります。
では具体的にどんな被害をもたらしているのか、さまざまな事例とともに見ていきましょう。

❶ 農作物の被害

シカやイノシシは米や野菜、果物などの農作物を食べ荒らします。被害のせいで意欲を失い、廃業を余儀なくされる農家も増えています。

事例

シカは植物性のものならなんでも食べます。田植え後の稲や麦の芽や穂、果樹の樹皮などさまざまな被害事例が報告されています。また茶の葉など珍しい食物の被害例もあります。

❷ 自然環境の破壊

自然環境破壊でもっとも深刻なのが森林被害です。平成28年度には被害面積が約7000ヘクタール、そのうち8割がシカの食害によるものです。

事例

シカは木の葉や樹皮の皮などを食べてしまいます。これにより森林がダメージを受けたり、下層植物が消失したりという事例が全国で多発。山の裸地化による土壌流出なども起こっています。

❸ 希少生物の絶滅

シカやイノシシが増え過ぎることで、植物などが食い尽くされ、それを必要とする他の生物が減少し、生態系が深刻なダメージを受けることになります。

事例

南アルプスではシカによって希少な植物が食い荒らされる事態が起きています。また長崎県対馬では希少な蝶が、幼虫のエサ（植物）をシカに食べられたことで絶滅の危機に瀕しています。

野生動物の被害をデータで見る

森林の一番の破壊者はシカ

　右は主な野生鳥獣による森林被害面積を表したグラフです（林野庁・令和2年度）。これを見ると分かるように森林の最大の破壊者はシカで全体の8割を占めています。
　シカの生息分布は1978年以降拡大していますが、現在でも生息数が増加し、植栽木への食害や樹皮剥ぎなど全国の森林の2割がシカの被害に遭っています。

■ 主要な野生鳥獣による森林被害面積

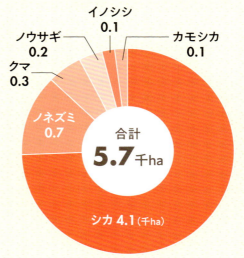

農作物の被害はシカとイノシシ！

　左は鳥獣類による全国の農作物被害を金額で表したもの（令和2年度・農林水産省）。総被害額は161億900万円。種類別に見るとシカが56億4200万円でトップ。次いでイノシシが45億5300万円。つまり被害額の半数以上はシカとイノシシによるということになります。これは他の動物と比べても圧倒的な数字です。

■ 全国の野生鳥獣による農作物被害状況

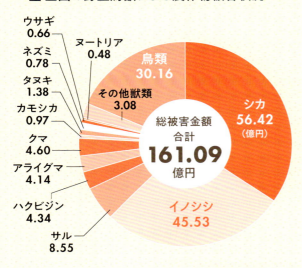

減ってきてはいるがまだ高い水準が

　右は野生鳥獣による農作物被害金額を年度別にまとめたもの。ここ数年では平成24年がピークで被害総額が230億円。その後さまざまな対策が取られ、金額が下がってきているものの、いまだ高い水準を示しています。

■ 野生鳥獣による農作物被害金額の推移

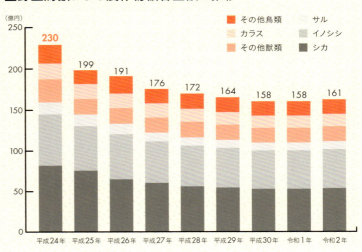

野生動物による被害編　深刻化する野生動物の被害

野生動物による被害編

手を打たないとどうなるのか？

1989年の調査開始以来、シカやイノシシは爆発的な増加を続けていましたが、2014年をピークに、減少傾向が継続していると考えられます。

半減目標を掲げて減少傾向が継続している

シカやイノシシは繁殖力が高く、ほとんどのメスが毎年妊娠し子どもを生みます。そのため計画的に捕獲を行わないと、その数は爆発的に増加します。個体数の変化をみると、2011年度には北海道を除くシカの個体数は216万頭、イノシシは120万頭で、このままでは2023年には359万頭にまで増加すると予想されていました。

これを受け、2013年に環境省と農林水産省において「抜本的な鳥獣捕獲強化対策」を共同で取りまとめ、「ニホンジカ、イノシシの個体数を10年後（令和5年度）までに半減」することを当面の目標としました。この結果、2020年度末でニホンジカが約218万頭（中央値）、イノシシが約87万頭（中央値）となり、2014年度ピークに減少傾向が継続していると考えらています。

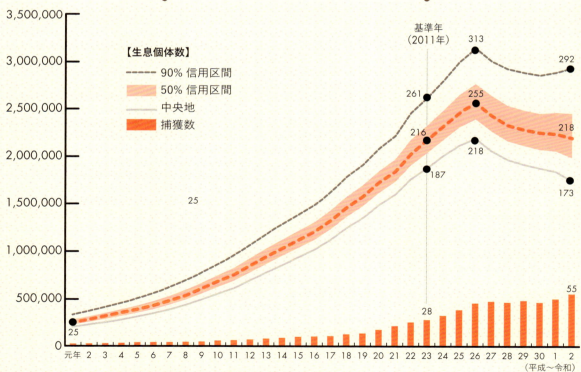

シカの個体数の変化

上の表はシカの推定個体数の推移（北海道を除く）を年度ごとに表したもの。シカは1989年の調査開始以来増加が続いており、89年に約30万頭だった個体数は2015年には約304万頭と10倍以上になっています。

イノシシの個体数の変化

20数年で3倍に増加

シカに次いで被害額が大きいイノシシ。1989年には個体数が30万頭に満たなかったのですが、2014年には150万頭超と増加の一途をたどっていました。現在は捕獲強化対策により減少傾向がみられますが、イノシシは繁殖力が旺盛なため油断はできません。

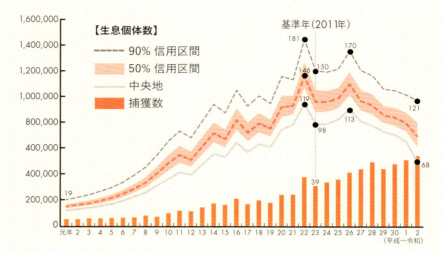

野生動物による被害編　手を打たないとどうなるのか？

個体数が増加すると、こんな被害も出てくる！

食害で土砂の崩壊が発生する

シカの食害で深刻なのが土地の裸地化です。たとえば高知県香美市のさおりが原の場合、2003年には緑豊かな土地だったのが、シカの食害により2009年には下層植物が消失。立木の立ち枯れも進み土砂の崩壊も発生する事態になりました。他の地域でも同様の被害が起きる可能性があります。

自動車との衝突事故が頻発

シカは警戒心が強く昼間は森林域にいますが、近年エサを求めて夜間に集落や住宅地域に出没する事例が多発しています。山の裸地化でシカがエサに困るようになれば、この傾向はさらに強まることが予想されます。またそれによってシカと自動車の衝突事故も頻発することも考えられます。

野生動物に人間が襲われる可能性も

野生動物が人里に下りてくるようになり、人間が襲われるといった事件が頻発します。たとえばイノシシは本来臆病で注意深い性格ですが、人間を襲うことがあるのです。実際、2017年12月には神戸市で体長1mのイノシシが人間に突進して噛みつくという事件が2件起きています。

15

野生動物による被害編

野生動物急増の要因

迅速な対応が望まれる野生動物の爆発的増加ですが、原因を探らないと抜本的な対策が立てられません。複雑に絡み合っていた増加要因をここでは分かりやすくひも解いてみます。

40年間でニホンジカは2.7倍 イノシシは1.9倍に分布が拡大

これまでニホンジカやイノシシの生息数の増加について解説してきましたが、それに伴い生息域も全国に拡大しています。分布に関しては1978年から2018年までの40年間でニホンジカは約2.7倍、イノシシは約1.9倍に拡大していたのです。この拡大は今後も続くと思われます。

ではなぜこれほどまでに野生動物は増加したのでしょうか？　原因としては大きく3つ挙げられます。
❶ 野生動物の生態が変わった
❷ 狩猟者の減少や高齢化
❸ 耕作放棄地の増加や過疎化
この他にも、造林や草地造成によるエサとなる植生の増加、積雪量の減少、規制緩和の遅れなどさまざまな原因があるのですが、ここではとくに①〜③を中心に増加の秘密を探っていきます。

ニホンジカの分布は 全国に広がっている

2013年に行われたニホンジカの生息分布の拡大調査は町村及び森林管理署等へのヒアリングや目撃情報の収集といった形で行われました。その結果、1978〜2018年にはニホンジカの生息分布は2.7倍、2014〜2018年には生息分布は1.1倍に拡大していることが分かりました。

1978〜2018年
約**2.7**倍

西日本から東北・北陸に広がる イノシシの分布

イノシシは1978〜2018年に生息分布が約1.9倍に拡大しています。分布割合では西日本が5割を超えていますが、2011年以降全国的にイノシシの分布域の拡大傾向が続いています。中でも東北地方や北陸地方でイノシシが生息分布域を拡大していることが調査で分かりました。

1978〜2018年
約**1.9**倍

急増の要因 ❶ 野生動物の生態

ニホンジカやイノシシがほかの動物に比べて爆発的に生息個体数、
そして分布領域を拡大できたのは、その独特な生態によるところがあります。
ここでは寿命、食性、繁殖力、行動範囲の4ポイントから、ニホンジカとイノシシの急増の要因を探ります。

シカの生態 適応力が高く環境によって食べ物を変える

【寿命】
ニホンジカの平均寿命はオスが4〜6才、メスが6〜8才ですが、野生の最高寿命はオス14才、メス18才とかなり長寿です。

【食性】
草食性。果実、葉、根、皮など植物のあらゆる部分を食べます。環境に応じて食べる物を変える適応力があります。

【繁殖力】
メスは2才で成熟して子どもを生める状態になります。出産は1回で1頭ですが、豊富なエサなどの環境下では毎年子どもを生みます。

【行動範囲】
ふだんは山に生息。夜間になるとエサを求めて人里に下りてくることがあります。ジャンプ力など身体能力が高く行動範囲も広いのが特徴です。

イノシシの生態 雑食性で生命力が強い

【寿命】
イノシシの寿命は野生の状態で5〜10年、飼育下では15年以上と比較的長寿です。最高寿命の例としては20年という記録があります。

【食性】
雑食性。人間が食べる物はほぼイノシシも食べると考えてよいでしょう。またそれ以外にも昆虫類やミミズ、カエルなども食べます。

【繁殖力】
満2才でメスが初産を迎えます。繁殖力が非常に高く、毎年4〜5頭の子どもを出産。そのため捕獲を強化してもなかなか数が減少しません。

【行動範囲】
森や林、平野部に広く分布し、森林に隣接する田畑にも出没して農作物を食い荒らします。ただし行動範囲は比較的狭いようです。

道路にまかれた凍結防止剤が原因との説も

2014年5月のNHK『クローズアップ現代』では、急増する野生動物被害の特集が放送されました。それによれば、シカは食べ物を消化吸収するときに塩分を必要としますが、冬場に道路に撒かれる大量の凍結防止剤（塩化ナトリウム）がシカの栄養分になっているというのです。それによって厳しい冬を乗り切ることができ、また生息域を拡大することができたようです。

急増の要因❷ ハンターの減少と高齢化

野生動物の増加を食い止めるためには捕獲を強化して数を減らさなければなりません。しかしいま全国で起きているのが「捕獲者不足」という深刻な問題です。このままでは野生生物は野放し状態になり、農作物や森林被害が増加することは間違いありません。

捕獲強化に立ちはだかる大きな壁

14ページでは野生動物の頭数を減らすための「捕獲強化の重要性」について解説しました。しかしそのプランに大きく立ちはだかるのが捕獲者＝ハンター数の減少と高齢化です。ハンター数はかつて50万人を超えていましたが、2015年には半数以下になっています。しかも年齢構成では高齢者の割合が多く、39歳以下の年齢層が極端に少ないという現象が起きているのです。

ハンターの数や年齢構成は？

ハンター数は40年間で32万人減少

環境省のデータによれば、2015年の「狩猟免許所持者数」＝ハンターの数は約19万人。1975年には51.7万人だったので、40年間で32万人近く減少したことになります。

ハンターの年齢は63％が60歳以上

ハンターの年齢を見ると約63％が60歳以上で高齢化していることが分かります。一方20〜39歳の割合は約11％でかなり低く、将来さらなるハンター不足が起こる可能性があります。

毎年ハンターが減っている？

■ 環境省　平成30年　年齢別狩猟免許所持者数

	昭和50年	昭和55年	昭和60年	平成2年	平成7年	平成12年	平成19年	平成20年	平成21年	平成22年	平成23年	平成24年	平成25年	平成26年	平成27年	平成28年	平成29年
18〜19歳															100	100	200
20〜29歳	88,600	48,800	10,900	5,000	3,600	3,100	2,600	2,300	2,300	2,700	3,100	3,600	4,200	5,100	5,100	7,500	8,400
30〜39歳	158,400	149,000	88,600	40,800	10,600	10,100	10,100	9,400	9,000	9,300	9,900	10,100	10,800	12,200	14,000	15,600	17,500
40〜49歳	156,000	135,800	100,100	98,900	75,100	36,200	19,400	17,600	15,800	15,800	16,400	17,200	17,100	18,500	20,700	23,100	25,300
50〜59歳	69,000	84,900	85,000	85,800	77,550	79,800	67,600	57,900	44,400	40,800	38,000	32,300	30,500	29,300	28,500	28,100	29,000
60歳以上	45,700	42,300	41,700	59,100	74,000	81,000	129,200	134,300	114,300	121,700	131,000	117,400	122,800	128,600	120,300	125,300	129,200
合計	517,800	460,800	289,500	289,500	246,100	210,200	228,900	221,500	185,900	190,200	198,400	180,700	185,300	193,800	190,100	199,700	209,600

※四捨五入のため、合計の数字と内訳が一致しない場合があります。

1975年からのハンター数と年齢構成の推移を表したグラフです。これを見ると、ハンター数は毎年減少を続け、しかも60歳以上の割合が年々大きくなっていくことが分かります。これでは後継者育成もままなりません。

ハンター減少のさまざまな要因

さまざまな要因がハンター減少につながっています。たとえば高齢化による体力的限界、捕獲動物の埋葬や焼却処理の大きな負担などの問題があります。

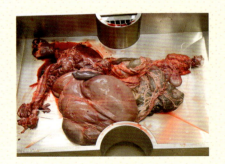

急増の要因❸ 耕作放棄地の増加・過疎化など

野生動物増加の最後の要因は「生育環境」です。ニホンジカやイノシシが爆発的に増えているのには、実は彼らにとって都合のよい環境が出来上がっているという背景があります。
ではどういった環境が野生動物の生育を助けるのか？ その意外な理由を解説します。

耕作放棄地は絶好の繁殖環境に

農地や耕作地は放棄されると雑草が生え放題になり、草原化してシカやイノシシなど野生動物にとって格好のエサ場となります。また過疎化で増えた空き家などは野生動物の隠れ家になります。こうした環境は野生動物にとって絶好の繁殖環境であり、生息数や被害の増加に直接的につながるので、極力作り出さない工夫が必要になります。

過疎化耕作放棄地の増加

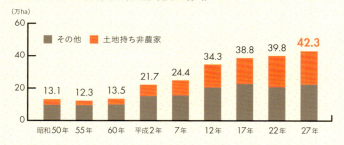

■ 内閣府　耕作放棄地面積の推移

年々増える耕作放棄地

以前は耕作されていたけれど、過去1年以上作付が行われず、数年間の間に再び作付をする予定がない土地を「耕作放棄地」と呼びます。農林水産省のデータでは耕作放棄地は年々増加し、2015年には全国で423万hに達しています。

その他の要因

規制緩和の遅れも原因

ここまで紹介してきた以外にもさまざまな増加要因が考えられます。たとえば積雪量の減少や天敵の絶滅。これによりシカやイノシシが過ごしやすい環境が整います。次に捕獲規制緩和の遅れ。じつは2007年までメスのシカは禁猟でした。現在では遅れを取り戻すべく法整備が行われています。こうした複合的な問題をひとつひとつ解決していくことが野生動物による被害を食い止める最短の道です。

積雪量の減少

気象庁によれば一冬で最も多く雪が積もった量（年最深積雪）は北海道一部地域を除いて、年々減少傾向にあるといいます。積雪量が少なくなれば、野生動物が越冬しやすくなり個体数の増加につながります。

オオカミなど天敵の絶滅

オオカミの絶滅もニホンジカが増加した原因の一つとして考えられています。増加対策としてオオカミを野生に放つ案を提唱する学者もいます。しかし、オオカミを導入することは家畜や人間を襲うなど安全面で問題があります。

捕獲規制緩和の遅れ

規制緩和の遅れも増加の原因となります。そうした遅れを解消し被害を防ぐべく、2014年には鳥獣保護法が大きく改正され鳥獣保護管理法となり、捕獲促進のための新たな措置が導入されました。

野生動物による被害編

野生動物急増の要因

野生動物による被害編

害獣捕獲の現状と実態

害獣をどう捕獲し、どう処理しているのか、その実態についてはあまり知られていません。
ここでは各種調査やデータからその実態について明らかにしていきます。

害獣の捕獲や処分は狩猟者が自ら行っている

　害獣捕獲活動は実際に携わった人にしか分からない、さまざまな問題を抱えています。たとえばコスト面。狩猟者のみなさんは相当な手間やコストを自ら負担しながら行政活動に協力しています。また、捕獲活動自体が猟友会に所属する狩猟者頼りになっているという現状もあります。

　コスト面で言えば、とくに難しいのが害獣捕獲後の処分の問題です。現在捕獲した鳥獣の多くは、狩猟者が自ら埋設したり焼却したりといった方法で処分を行っています。この処分についてはさまざまな金銭的負担が発生し、狩猟者の肩に重くのしかかっています。また設備が少ないため、処分自体を円滑に行えないといった状況もあります。そこでここからはさまざまなデータを用い、害獣捕獲の現状について詳しく紹介していきたいと思います。

■ ニホンジカの捕獲数

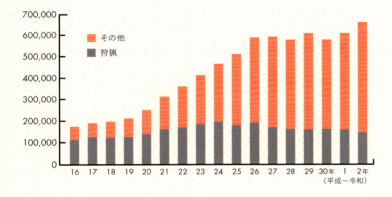

メスのシカを捕獲するのが個体数抑制に効果的

　捕獲数は右肩上がりで増えていますが、2015年度から2016年度にかけてやや減少しています。シカは高い増加率を持ち、条件が良いと4〜5年で個体数が倍になってしまうため、より効果的な捕獲が求められます。たとえばメスのシカを捕獲することによって、個体群の増加を抑えることができます。

■ イノシシの捕獲数

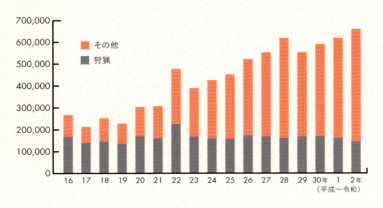

捕獲だけでは追いつかないイノシシの増加

　捕獲数は年々増えていて2000年度には約15万頭だったものが、2016年度には約62万頭と上昇傾向にあります。しかしイノシシは高い増加率を持っているため、捕獲だけでは被害を減らすことがなかなかできません。そのため耕作地への侵入遮断などさまざまな方法が試みられています。

（ 害獣捕獲の実態 ）

総務省関東管区行政評価局では2017年に『知ってほしい鳥獣被害現場の実態』と題した
レポートを発表しました。これにより、あまり知られることのなかった
鳥獣捕獲における狩猟者の手間やコストが明らかになりました。

野生動物による被害編 ｜ 害獣捕獲の現状と実態

狩猟者の平均年齢は平均**68.4**歳。最年少が**59**歳、最高齢が**77**歳と狩猟者の高齢化が進んでいる

今回調査の対象となったのは狩猟者36人（以下同）。平均年齢約68歳という数字は全国データとほぼ合致している。

支出は1人1年あたり平均総額約**41**万円。内訳は免許・登録、猟銃所持・更新などの経費、弾薬代、車両燃料費、捕獲した鳥獣の処分費など

免許登録・更新、猟銃所持・更新の経費は4.3万円、捕獲した鳥獣の処分にかかる経費は6万円、弾薬、車両燃料等の消耗品購入は30.7万円。

鳥獣の捕獲方法は狩猟では**22**人が「銃のみ使用」。有害鳥獣捕獲等「わなのみ」と「わなと銃」が各15人

調査では狩猟と有害鳥獣捕獲等の両方の捕獲法を調べました。狩猟では銃だけを使うと答えた人が36人中22人と最多でした。

平均出猟日数は狩猟が**44.3**日（銃のみ使用）有害鳥獣捕獲等では**140.7**日

36人中、年間の出猟日数のうち、有害鳥獣捕獲等のほうが狩猟よりも多かった人は29人で、全体の81％を占めていました。

収入は平均**38.9**万円。収入に比べ、支出が上回っている

収入は主に国や地方公共団体等の交付金や市町村の有害鳥獣捕獲報償金、わなの見回り手当等といった形で入ってくるものです。

問題点❶
わな猟の割合が高くて大変

アンケートの中には「わな猟の割合が高いので、見回りが大変。体力的に限界」というものがありました。これは切実な声で、高齢者中心の狩猟者にとって、やはりわな猟は時間的体力的に負担が重いということが分かりました。

問題点❷
埋設や焼却処理の負担が大変

狩猟で捕獲した鳥獣の7割は販売もしくは自家利用。有害鳥獣捕獲等では6割が埋設や焼却処理になります。これには6万円ほど費用がかかり、狩猟者の負担となります。他にもさまざまな費用がかかり赤字は数万円以上になります。

目的によって変わる捕獲の種類

野生鳥獣の捕獲の方法には「狩猟による捕獲」と「許可捕獲」があり、「許可捕獲」は「有害鳥獣捕獲」と「管理捕獲（特定計画に基づく個体調整）」の2つに分かれます。これらの鳥獣捕獲を行う場合、捕獲者はいずれも狩猟免許が必要となります。

狩猟

狩猟者登録などが必要だが目的は問われない

獲物の食肉利用などを目的とした捕獲で、自発的に行われるものです。可猟区域や期間が決められているので守らなければなりません。狩猟免許と狩猟者登録、狩猟税の納付等が必要です。

対象
対象は鳥類のひなを除く狩猟鳥獣49種。イノシシやシカ、クマなどが含まれます。捕獲方法は法定猟法（銃猟、わな猟、網猟）のみ。

有害鳥獣捕獲

農林水産業の被害防止を目的とした捕獲

農林水産業や生活環境などにかかわる鳥獣被害の防止を目的とした捕獲。農家などから被害申請があった場合に自治体が頭数や期間、捕獲区域などを決めて許可を出して行われます。

対象
狩猟鳥獣以外の鳥獣も捕獲することができます（鳥獣類及び鳥類の卵も含む）。捕獲は法定猟法以外の方法でも可能です。

管理捕獲

個体群の安定を目的とした捕獲

特定鳥獣保護管理計画に基づいて行われる捕獲です。地域にいる鳥獣の長期的な安定を維持するために行われます。狩猟免許以外に許可申請が必要となります。

対象
特定鳥獣保護管理計画で定められた鳥獣。現状ではイノシシやシカ、サル、クマ、カワウなどが対象に。法定猟法以外の捕獲が可能です。

学術捕獲他

調査・研究・防除を目的とした捕獲

学術捕獲は学問的な調査・研究を目的とした捕獲で許可が必要となります。また他には外来生物法による「防除のための捕獲」といった捕獲もあります。

対象
狩猟鳥獣以外の鳥獣も捕獲することができます（鳥獣類及び鳥類の卵も含む）。捕獲は法定猟法以外の方法でも可能です。

（ シカとイノシシの捕獲方法 ）

狩猟者はどんな方法で野生動物を捕まえているのでしょうか？
ここではシカとイノシシの「銃器による捕獲」と「わなを使った捕獲」について細かく解説していきます。

シカ
銃器による鹿の捕獲には
4種類の方法が採用されている

① 銃器による捕獲

シカは昼夜問わず活動しますが、銃器による捕獲は銃が使用できる日中に限られます。また人里に隣接した森林内でも狩りが行われます。

巻き狩り猟
グループで行う狩りで、2手に分かれ一方がシカを追い出しもう一方がシカを仕留める。追い出しには犬が使われることがある。グループ内の意思疎通が重要になる。

流し猟
シカの生息区域を広く歩いてシカを探し捕獲する方法。猟は基本徒歩で行うが、遠距離の移動には自動車等を使うこともある。北海道のエゾジカの捕獲によく使われる方法。

忍び猟
単独で行う狩り。シカは臭いに敏感なため、風下から気配を消して接近し射止める。シカは人間が作った道路でも平気で歩くので、途中で待ち伏せして捕獲することもある。

集中捕獲
シカは冬に雪が積もると、雪が少なくエサがある低標高地に移動する。そういった場所を狙い、巻き狩りを用いて集中的・効果的に捕獲を行う。また、この狩りはグループで行う。

② わなによる捕獲

くくりわなを使ったものがほとんどですが、北海道では囲いわなを使うことがあります。

くくりわな
シカの通り道に設置するわな。シカは環境の変化に非常に敏感なので、設置は慎重に行う。人の臭いが移らないように手袋をする人もいる。

囲いわな
金網などで一定区画を囲むわな。シカは臆病なので事前にエサを撒き、安心させてから囲いわなの中にエサをセットする。

イノシシ
銃器よりもわなを使った
捕獲が効果的

① 銃器による捕獲

イノシシが人里にやってくるのは銃が使用できない夜間です。そのため、銃は被害発生地域に隣接する森林で使用されています。

巻き狩り猟
グループで狩りを行う方法。2手に分かれ一方が猪を追い出し、もう一方の射手が捕獲を行う。追い出しには犬が使われることがある。

忍び猟
基本的に単独で行う捕獲方法。身を隠しながら猪に接近し仕留める。また猪の通り道で待ち伏せし捕獲する場合もある。

② わなによる捕獲

わなには「はこわな」「囲いわな」「くくりわな」の3種類があります。

はこわな
金網などでできた箱製のわな。内側にエサをセットしイノシシをおびき寄せます。移動させることができ、捕獲後の処理が比較的安全です。

囲いわな
金網などで一定の区画を囲み、群れごと捕獲するわなです。一度設置したら移動させにくく、長期間設置する場合はエサの経費がかかります。

くくりわな
ワイヤーなどを使ったわなです。軽量で持ち運びがラクで、一度に多くの場所に設置することができます。エサの経費もかかりません。

野生動物による被害編　害獣捕獲の現状と実態

食肉利活用編

食肉の利活用を推進するには

農作物や森林に多大な被害をもたらす害獣ですが、資源として活用できるなら
より効果的に数を減らすことができます。ここからはそんな可能性について考えていきます。

ジビエ肉を利活用するには
さまざまな障壁を解決する必要がある

　硬い、臭みがあるといったイメージがあるジビエ肉ですが、本来脂肪が少なく、調理方法次第でとても美味しくなる食材です。このジビエ肉を地域の資源として有効活用しようという動きが、いま全国で広がっています。

　しかし現状では、捕獲された害獣の5〜8割が埋設や焼却といった方法で処理されています。その理由はさまざまですが、たとえば運搬の問題。山で捕獲した野生動物を手早く解体し新鮮な状態で運ぶのには非常に手間やコストがかかります。他にも食の安全性や流通システムの確立、処理施設の整備などさまざまな問題が資源活用の障壁となっています。

　ここからはそれぞれの問題にスポットを当てて、食肉の利活用を推進するための方法を探っていきたいと思います。

捕獲された害獣はどうなる？

　最近レストランなどでしばしば見かけるようになってきたジビエ。捕獲した獲物の1割は食肉処理施設で処理されて流通しており、その残りは、狩猟者による自家消費及び、埋却・焼却による廃棄となっています。

捕獲された害獣 → 約**5〜8**割 → **埋殺・消却処分**

農林水産省が30市町村に聞き取り調査を行ったところ、捕獲現場での埋設処理が約8割、ゴミ焼却場で焼却処理が約5割（複数回答可）という回答が得られました。

→ 約**1**割 → **食肉処理加工 食肉販売**

捕獲された害獣の1割は食肉として流通しますが、実際に有効活用されるのは一部地域にとどまっています。ジビエ肉は精肉や缶詰、ハムなどの加工食品として一般に提供されます。

狩猟で捕獲した鳥獣の多くは自家利用や販売が行われますが、有害鳥獣捕獲等ではその多くが埋設・焼却処理され、食肉としては流通しないのが現状です。

**ほとんどは
廃棄処分されている！**

ジビエ肉 利活用推進3条件

ジビエ肉の食肉利用に関しては、安全性や流通などさまざまな問題が指摘されています。
それをふまえ2016年には「鳥獣被害防止特措法」の一部が改正され、鳥獣の食品としての利用に
ガイドラインができました。ここでは食肉利用の現状と改善ポイントを簡単にまとめてみました。

食肉利活用編 — 食肉の利活用を推進するには

1 安全性の確保

現状

衛生管理が処理施設によってまちまち

現状では衛生管理が食肉処理施設によってまちまちで十分な安全性が確保できていません。たとえば先輩猟師から伝授された自己流の方法で解体を行ったり、厚生省の「野生鳥獣肉の衛生管理に関する指針」を知らずに解体処理したりといった具合です。

推進のためには

ガイドラインの統一と遵守が重要

安全性を確保するためには「衛生管理ガイドライン」の統一と遵守の徹底が必要となります。そのため2018年には「国産ジビエ認証制度」が導入されました。また安全性確保のために、各種記録表の作成など、加工業者の衛生処理を可視化することも大切です。

2 肉の安定供給

現状

共通のルールがなく安定供給できない

安定供給には業界共通のルールが必要ですが、現状では共通の表示ルールがなく、流通肉に必要情報が表示されていない例が多々見られます。また捕獲頭数を予測できないため、家畜のように計画的に生産することができないという問題があります。

推進のためには

ルールの確立が最優先課題

まず共通ルールの確立が最優先課題です。表示ルールで言えば卸売業者や消費者が求めるあらゆる情報をラベルに記載することを義務付けなければなりません。また捕獲手法のあり方も含め、質の良い個体を数多く確保できる体制の整備が必要です。

3 販路確保

現状

流通体系が脆弱で事業者も零細

現在は販路も少なく、卸売業者を介した流通体系も脆弱といった状況。そのため事業者は自ら販路を開拓しなければなりませんが、事業規模も小さく営業力にも欠けるため、なかなか成果が上がらないという状況になっています。

推進のためには

大消費地との連係が重要

大消費地を含む自治体と生産者の連携が重要になります。これにより全国的な食肉利用の流れを作っていかなければなりません。また同時に地域での消費を拡大していくことも大切なので、イベントなどを用いた広報活動も欠かせません。

食肉利活用編

衛生について意識しよう

美味しいジビエも衛生管理があってこそ。家畜の肉とは違い、運搬、処理、調理などさまざまな点で気をつけなければなりません。では思わぬトラブルに見舞われないための注意点は？

流通に関わるすべての人の意識向上が大切だ

シカやイノシシなど野生鳥獣と牛や豚などの家畜は生育環境や流通方法が異なります。また両方とも寄生虫やE型肝炎ウイルスを保有している可能性がありますが、当然野生鳥獣のほうが感染のリスクは高くなります。そのためジビエの利活用においては狩猟をする人や運搬する人、調理する人、そして食べる人まですべての人が衛生管理について十分に気をつけなければなりません。

2016年にはイタリア料理店でヒグマの寄生虫による食中毒が起き、店は営業禁止処分になりました。こうした事件はそうした衛生管理をおろそかにした結果なのです。現在では「野生動物を安全に食べるための厚生労働省ガイドライン」などが発表され、徐々に衛生管理に対する意識が高まっています。ここでは各段階における衛生管理のポイントをまとめて紹介します。

（ 狩猟時の衛生管理 ）

狩猟時に一番気をつけなければならないのが殺傷時の食肉の汚染です。銃弾が腹部を貫通した場合、腸内容物などで肉が汚染され、食肉利用できなくなってしまいます。

異常の確認を忘れずに

野生鳥獣について外観や挙動に異常がないか確認して猟を行います。狩猟後、食用として問題がないと判断できない疑わしいものは廃棄が必要です。止め刺しを行う際のナイフもきちんと消毒しておきます。

ポイント

血液などから感染症にかからないように、必ずゴム・ビニールなどの合成樹脂製手袋を着用し、直接個体に触れないようにします。またダニからの感染にも気をつけましょう。

（ 運搬時の衛生管理 ）

捕獲地点から処理施設までの搬送に時間がかかる場合は内臓臭が肉に付いてしまい、食肉としての利用が困難になるので注意が必要です。

極力迅速に運ぶ

ジビエの運搬はできるだけ冷却しながら迅速に行うことが大切です。欲を言えば、生体のまま運ぶのが理想です。なお複数の個体を運ぶ際には、相互の汚染に気をつけましょう。

ポイント

運搬者は狩猟者と密に連絡を取り、時間的ロスのない、効率的な運搬を行いましょう。事前に十分打ち合わせをしておくことが大切です。また食肉処理業者に伝達すべき記録内容は必ず控えておきます。

(食肉処理時の衛生管理)

処理業者は厚生労働省「野生鳥獣肉の衛生管理に関する指針」をしっかりと理解し、作業を行うことが求められます。自己流の解体は絶対にやめましょう。

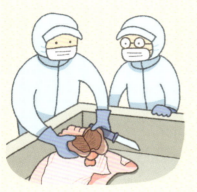

解体前に必ず異常を確認する

食肉処理業者は解体前に個体に異常がないか、必ず確認しなければなりません。確認はガイドラインに沿って念入りに行います。処理後は速やかに肉を冷蔵保存します。また行程毎の衛生管理には十分に気をつけましょう。

ポイント

内臓摘出時には個体毎に機械器具を洗浄しましょう。内臓検査で異常がないか確認します。また内臓については異常がなくても食用にしません。113ページで紹介している野生動物の病原体についても十分理解しておきましょう。

(加工・調理時の衛生管理)

仕入れを行うときは必ず食肉処理業の許可を受けた施設で解体されたものを仕入れましょう。またその際には狩猟状況や食肉処理に関する情報を入手します。

臭いや色、異常を確認

仕入れたらすぐに臭いや色、枝肉などの異常がないか確認。異常がある場合はすぐに仕入れ業者に連絡します。調理提供に際しては十分に加熱を行い、生食で提供しないようにします。仕入れ後は10℃以下（凍結したものは－15℃以下）で保存します。

ポイント

ジビエの調理や加工に使用する器具の衛生管理にも気をつけます。それらは処理終了ごとに洗浄し、83℃以上の温湯、または200ppm以上の次亜塩素酸ナトリウムなどによる消毒を行います。肉は消費期限などにも十分に気をつけて提供します。

(消費時の衛生管理)

衛生管理の状態が不透明な業者や、知り合いの猟師から直接肉を仕入れたりすることは止めましょう。
また自分で捕獲した獲物でも食肉処理業の許可を受けた施設で解体処理しましょう。

生食は絶対に止めよう

生肉は絶対に食べてはいけません。また内臓類も止めましょう。加熱は中心部の温度が摂氏75℃で1分間以上を目安に。十分加熱してから食べます。まな板や包丁等の器具は調理終了毎に必ず洗浄、消毒して保存しておきます。

ポイント

自宅で調理するときは十分な加熱が絶対条件ですが、お店で食事をするときも肉がしっかりと加熱されているか、必ず確認してから食べるようにしましょう。またそのお店の安全管理がしっかりとなされているか、できる範囲で情報収集しましょう。

食肉利活用編　衛生について意識しよう

食肉利活用編

ジビエを美味しくする止め刺し

ジビエは野生動物の肉だからワイルドで大味、といった印象を持っている人も多いかもしれません。実はこれが大間違い。処理法を選べば繊細で上質な味が楽しめるのです。

野生動物の肉につきまとう獣臭さは血抜きで消すことが可能だ

ジビエ肉を敬遠する多くの人がその理由として挙げるのが「獣臭さ」です。実際に経験した人でないとなかなか分からないのですが、一度嗅いだらなかなか忘れられない臭いです。ところがこの「獣臭さ」、本来のジビエ肉が持つのではなく、血抜きの状態の悪い肉が放つ臭いなのです。

血抜きとは捕獲後、太い動脈をナイフなどで刺して血液を一気に放出させることで「止め刺し」とも呼ばれます。血抜きは動物以外に魚などでも行われる方法ですが、鮮度を保つのに有効な方法です。これがうまくできているジビエ肉は新鮮で美味しく臭いも少ないといえます。

止め刺しを行うには狩猟免許が必要で、免許がない人は免許所持者の指導のもとで行わなければなりません。また狩猟を行わない人にとっても、止め刺しに関する知識はジビエ肉を美味しく食べる方法の一つとして、ぜひ頭に入れておきたいものです。

止め刺しとは？

ジビエ肉は完全な血抜きを行い、内臓を取り出し、皮を剥いで熟成させると、旨味が増加し、非常に美味しい肉になります。

血液を効果的に抜く方法

ジビエ肉は中に血液が残ると、「獣臭さ」が発生します。止め刺しはその血液を効果的に抜く方法で、イノシシなどにも使えます。止め刺しが正しく行われた場合には血液が勢いよく流れ出て、1～2分で心臓が止まり、血抜きが完了します。これで美味しい肉になるわけです。

脳へ送られる血液を確実に止める

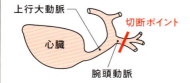

心臓を刺すことで心臓の機能をなくすことはできますが、心臓の血液を体外に放血するポンプの役割も同じくなくすこととなり、体内の血液を排出されず血が残る原因となります。家畜の場合、放血の目的は心臓から脳に新鮮な血液を完全に遮断することなので、心臓から脳へ血液を運ぶ腕頭動脈を切断します。

ポイント

位置を覚えて一気に刺し込むこと

止め刺しのコツは、簡単に言えば刺す位置を覚えてためらわず一気に刺すこと。刺す位置は心臓の上の動脈部分ですが、これは数をこなさないとなかなか覚えられません。ベテラン経験者のもとで覚えるとよいでしょう。

止め刺しの方法

止め刺しは血抜きを行う方法ですが、他に止めを刺すというと言う意味もあり、さまざまな方法が考え出されています。ここでは銃器を使った方法や感電させる方法などを紹介していきましょう。

❶ 銃器を使う

刃物ではなく空気銃などの銃器を使って止め刺しを行う方法です。シカは頭部や首、心臓、イノシシはこめかみや心臓を狙います。威力が強く一発で止め刺しを行うことができます。

メリット
大型の個体でも安全に止め刺しが行える。また離れたところからでもできるところが利点。

デメリット
銃猟の免許と銃所持の許可が必要。また銃が使えない場所や時間帯があるなど制限がある。

❷ ナイフや槍を使用する

左ページでも紹介した刃物で止めを刺す方法です。これを行うにはシカやイノシシを完全に固定する必要があります。ハンマーなどで殴って気絶させてから止め刺しを行うのも手です。

メリット
正確に血抜きの位置を狙える。銃器のように時間的、場所的な制限がなく、自在にできる。

デメリット
獣が動き回る場合には非常に危険が伴う。また安全に行うには完全に動きを止める手間がかかる。

電流で感電させる方法

小型バッテリーなどの機材を用いて、捕獲したシカやイノシシに電流を流し、止めを刺す方法もあります。食用で止め刺しを行う際は、電流で動きを止めた後に刃物類で血抜きを行います。獲物の大きさによって電圧や通電時間も異なるため、確実に失神させた状態を確認し、止めを刺すように注意しましょう。

食肉利活用編

運搬でジビエの鮮度が決まる

食の歴史は輸送との戦いです。いかに良質な食材を低コストで運ぶか。
ジビエの世界も例外ではありません。

ジビエの将来を決める画期的な発明とは

ジビエの将来は運搬方法が決めると言っても過言ではありません。それほどまでにジビエの輸送は大変なのです。第一に山や森林で捕獲するものなので、人里まで運ぶのに手間とコストがかかります。また輸送に時間がかかると鮮度が落ち、内臓の臭みが肉に染みついてしまいます。かといって現地で内臓を取り出すのは衛生管理上問題があります。こうした問題は狩猟者不足とも密接に関係しており、ジビエの将来を脅かしています。

さて、そうした問題を一気に解決できないかと、満を持して登場したのが、ここで紹介する「ジビエカー」です。ジビエカーはいわゆる移動式解体処理車で、捕獲現場まで駆けつけて止め刺しを行い、一次処理をその場で完了させるという画期的な車です。食肉利活用の切り札ともいえる車の登場で、いままでジビエビジネスが抱えていた問題が一気に解決しそうなのです。

(ジビエの運搬の難しさとは…)

捕獲地と処理場が離れているのが問題

本来、捕獲後に生体のまま処理場に運ぶのがジビエをもっとも新鮮に精肉にする方法ですが、生け捕りは熟練した技術が必要で危険が伴います。また多くの処理場は捕獲地から距離があるという現状もあります。ならば現地で処理を行えば…と考えるでしょうが、衛生面から国は現地での内臓摘出を推奨していません。

(ジビエの運搬で気をつけるべきこと)

冷却
肉質を保つには冷却が重要

良質な肉を届けるためには、輸送時の冷却が重要。しかしシカやイノシシは体格も大きいので、クーラーボックスなどで運ぶことはできません。やはり冷却設備を備えた車両が必要になります。

個体の分離
輸送時には1頭ずつシートで覆う

1頭が汚染されている場合、それが他の個体にも影響する可能性があります。そのため輸送時には1頭ずつシートで覆うなどの対策を施して、個体が相互に接触しないよう配慮しなければなりません。

衛生管理
使用した車両は必ず洗浄する

運搬に使用する車両の荷台などは、使用後に必ず洗浄して衛生管理を行なわなければなりません。また運搬者も個体を扱う場合は手袋を着用するなどして、直接触らないようにすることが肝心です。

(ジビエの運搬を劇的に変えるジビエカーに密着)

日本ジビエ振興協会、長野トヨタ自動車(株)が共同開発したジビエカー。2015年に計画がスタートし、2016年7月についに完成しました。この車の登場で、これまで廃棄されていたシカ、イノシシの利活用率向上など、ジビエ業界の大きな進展が期待されています。

食肉利活用編 | 運搬でジビエの鮮度が決まる

捕獲現場で止め刺しができる特装車

ジビエカーはいわゆる移動式解体処理車で、野生鳥獣を現地で1次処理することができる特装車です。この車があれば捕獲現場付近で止め刺しを行い、直ちに処理を行って肉の劣化を抑えることができます。これまで近隣に処理施設のない地域や運搬の手間がかかる地域では捕獲鳥獣は廃棄されることが多かったのですが、ジビエカーにより利活用率が大きく向上することが期待されています。

＼ ジビカーのここが凄い！ ／

- 徹底した衛生管理を実現している
- 止め刺しから解体処理まで1度にできる
- 冷蔵設備により肉を新鮮なまま運べる

すぐに現場に駆け付ける機動力と1度に3～5頭を処理できるスペック

機動力も魅力

車はトヨタ・ダイナで、車長は6m45.7cm、車高は2m91.1cm、車幅は1m94cm。一度に3～5頭の個体を処理できます。また現場にすぐに駆け付けることができる機動力も魅力。

野生鳥獣肉の衛生管理に関する指針（ガイドライン）に基づく設備

衛生面では完璧な装備

ジビエカーは洗浄から冷蔵保管まで床に触れない懸吊設備や83℃の温湯機器を装備しています。また洗浄と水洗いができる2槽シンクを備えるなど衛生面は完璧です。

あらゆる状況に対応できる考え抜かれた車内装備

冷蔵庫も完備

発電機を搭載しており、どんな場所でも処理ができるようになっています。また車内には冷蔵庫はもちろん、高圧蒸気滅菌器や600Lの水道水用タンク、排水タンクなどを備えています。

第 2 章

解体編

ここでは、捕獲鳥獣の解体の方法から、
食肉として切り分けていく方法を紹介します。
個体は違えど、手順や作業内容は似たものが多くあります。

鴨
→P40

鹿
→P54

猪
→P78

穴熊
→P90

解体編

解体に使う道具と服装

解体作業の手順に入る前に、
必要な道具と解体作業時の理想的な服装について学びましょう。

複数所持して使い分けたい

解体作業をスムーズに行うために欠かせない刃物類。さばく箇所によってそれぞれ使い分けられると快適に作業ができます。特に、骨すき包丁と皮剥ぎ包丁は、複数所持しておくと、作業者が複数いる場合効率が上がります。頻繁に作業する場合は定期的に砥ぐ必要もあるため、刃物のメンテナンス方法なども学んでおくようにしましょう。

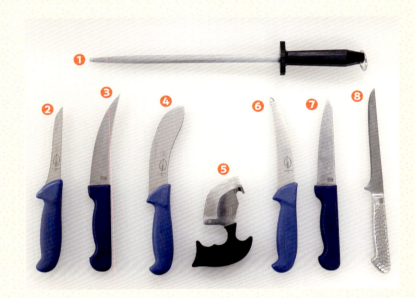

刃物の種類

❶ シャープナー

作業中にナイフの切れ味が落ちてきたら、シャープナーで切れ味を回復させる。事前に砥石でメンテナンスするのが理想。

❷ 骨すきナイフ

骨つきの肉から肉だけを切り取る包丁。刃渡り14cmほどで、柄の部分は樹脂性のものか、❽のような一体型が望ましい。

❸ 頭おとし包丁

頸から頭を切り離す時に使用する。刃先が峰に向かってソリがあるのが特徴である。

❹ スキナーナイフ

主に皮剥ぎ時に使用するカーブのついたナイフ。刃渡り14cmほどで、ソリが少ないものが使いやすい。

❺ ガットナイフ付きスキナーナイフ

先端にフックがついているナイフ。力を入れやすく、固い皮や腱などを切断するのに使われる。

❻ 腸裂き包丁

腸を裂く目的で作られた特殊な包丁。先端が切れないように丸くなっている。

❼ 骨すきナイフ（予備）

種類としては❷と全く同じもの。❼をとことんまで使い込んだ結果、❷までナイフが細くなった。不測な事態に備えて常備しておく。

❽ 骨すきナイフ（一体型）

やや細身なタイプ。鳥類やアナグマなどシカやイノシシと比べて小さな個体や細かな作業をする際に用いる。

34

その他必要な道具

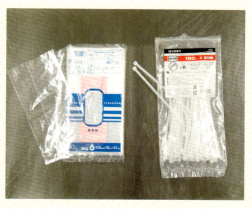

ナイロン袋と結束バンド

胃や腸から内容物が飛び出すのを防ぐため、食道と肛門を結さつするときに使用。食道は結束バンドのみで結さつし、肛門はナイロン袋を被せて結束バンドで結さつする。

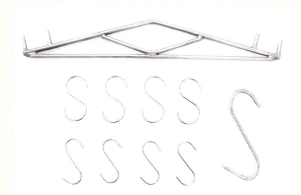

S字フックと懸吊器具

解体作業は懸吊できたほうが圧倒的に楽。継続的に解体処置を行うのであれば、懸吊設備を整えるほうがよいだろう。この懸吊用のハンガーは専用で造らせたもの。

解体作業に適した服装

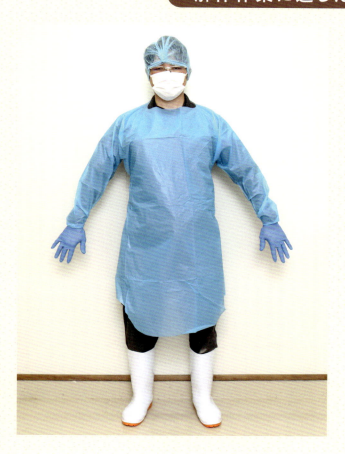

捕獲された野生生物の体表面には、楊枝の先端ほど小さい「寄生ダニ」がいる。このダニは、個体の体温低下にともなって次の寄生先を探すため、解体作業者の脇の下や股間などの毛につかまり寄生する可能性がある。特に夏場は素早く服や床の上を動くので注意が必要。
また、作業中は血液も飛散するため、完全防備で臨みたい。

❶ 肉への毛髪の混入を防ぐため、ヘアキャップなどで髪の毛を覆う。
❷ 化学繊維できた防水性の高いかっぽう着など、なるべく全身を覆う服装を心がける。
❸ 手元からのダニの侵入を防ぐため、やや厚手のビニール手袋を装着する。
❹ 長靴を履いて、足元からダニが這い上がってくることを防ぐ。

第2章 解体編 解体に使う道具と服装

解体編

解体作業を行う環境

解体作業を行う場所について説明します。
衛生面に配慮された、機能的な設備で行うことが望ましいとされています。

作業に応じて区分が必要

解体を行う食肉処理施設は、大きくは剝皮や解体を行う一次処理と、肉を切り分ける二次処理と、それぞれ区分されていることが求められています。一次処理施設では剝皮に用いるウインチや懸吊用のハンガーがあると作業がしやすくなります。また、できる限り低温環境下で作業できることも望まれます。

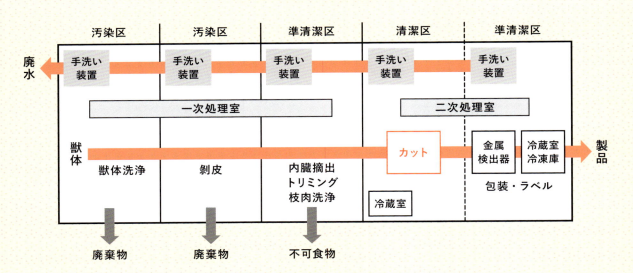

理想的な間取り

あらゆる状態の個体を受け入れることを想定した場合、荷受室も必要になるが、いずれにしても、もっとも重要なのは、一次処理室と二次処理室とが分かれていることだ。また、厚生労働省のガイドラインでは「一次処理室では、専用の剝皮場所を確保するのが望ましい」とされている。

処理施設での設備・機器

一次処理施設

設備	用途
剥皮用ウインチ	シカの剥皮に使用
懸吊用レール・ハンガー	処理施設をまたいで連結しているのが理想
高圧洗浄機	個体の汚れを落とす
ガスバーナー	マダニなどを焼き殺す
ナイフ消毒庫	ナイフの殺菌と保管
ナイフ消毒置（83℃以上）	ナイフの殺菌
手洗い装置（手を使わずに水が出て止まる）	作業時の手袋などの汚れを洗浄する
冷凍用ストッカー	内臓や皮を保管する

二次処理施設

設備	用途
ナイフ消毒器	ナイフの殺菌と保管
温湯器（83℃以上）	ナイフの殺菌
真空包装機	出荷形状を見極めて機種を選定
計量ラベルプリンター	個体識別番号が入力できるタイプ
スライサー	出荷形状を見極めて機種を選定
急速冷凍装置	真空包装したのち急速に冷凍し品質を保持
コンベア式金属検出器	銃弾や弾片の検出

金属検出器

捕獲された個体の中には猟銃でしとめられたものもいます。解体時にすべての銃弾を見つけるのは困難です。また、銃弾は骨にぶつかって割れることもあるので、散弾でなくても見つからない場合もあります。商品としてジビエ肉を出荷する場合は、きちんと金属検出機を通さなければなりません。

安価な金属検出機もありますが、精度が低いことも。コンベア式の金属検出機が信頼度が高い。また、正しい設定で行うことも重要だ。

磁気現象を応用し、磁界の乱れをとらえて混入した金属製の異物を探し出す。

第2章 解体編　解体作業を行う環境

解体編

解体作業の流れ

本書では4種の解体を細かく解説していますが、
まずはジビエ肉を食肉利活用するまでの大まかな流れを頭に入れておきましょう。

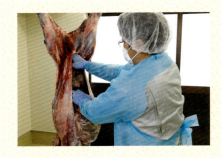

捕獲 → **止め刺し・放血** → **処理施設への搬入** → **体表面の洗浄** → **剥皮** → **内臓の取り出し** →

捕獲
銃猟・箱わな、交通事故での負傷など、まずは個体の入手段階。個体をもっとも傷つけない方法はくくりわなとされている。

止め刺し・放血
心臓が動いているうちに、捕獲現場で行う。正確で適確な止め刺しこそが肉の味を左右する。

体表面の洗浄
脚についている泥汚れや寄生ダニなど、野生生物は汚れている。ただし、肉に水分が入るとふやけてしまうため、洗浄はほどほどに行う。

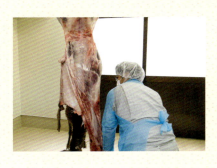

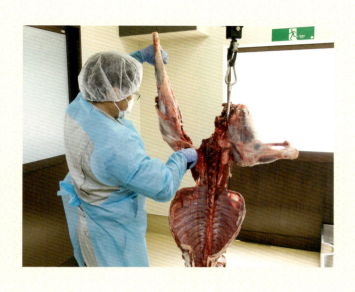

作業工程を理解して速やかに作業を行う

　ニーズの高いロースやモモ肉だけを解体することもありますが、本書では、可食部すべてを利用することを前提とした解体作業のやり方を紹介しています。解体作業の流れのなかで重要なのは作業時間です。止め刺しから30分以内に内臓取り出しまでを行うようにします。これらの作業を速やかに行うには、やはり慣れが必要です。また、内臓は肛門から食道までを破らずに取り出すことも重要です。ちなみに、食中毒リスクが高いため、内臓はすべて廃棄します。

第2章 解体編　解体作業の流れ

解体 → 肉の切り分け・骨の分離 → 残渣の処分

肉の切り分け・骨の分離 → 真空パック → 冷凍

適切な設備のもと、内臓の取り出し・解体を行う。36ページで説明しているように、ここまでを一次処理施設で行う。

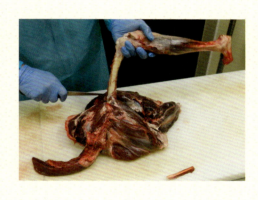

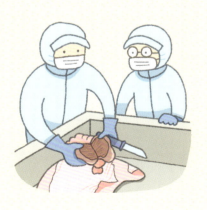

鴨をさばく

日本でもっとも消費されている鶏肉ですが、
ここでは野生のカモの解体方法について紹介していきます。

鴨肉の部位

第2章 解体編 鴨をさばく

手羽類

「手羽元」「手羽先」「手羽中」に分けられる手羽類。味は手羽元よりも手羽先のほうが濃厚で、色は白く柔らかいのが特徴。脂肪やゼラチン質を多く含み味にコクがあるため、煮物や揚げ物がおすすめ。

ささみ

胸肉

鴨肉の場合、身が柔らかく滋養に富んだ味を楽しめる。他の鳥と比べ脂肪が多く、独特の旨味がある。調理する場合は、肉色の鮮やかな赤味で、厚みのある肉を選びたい。

モモ肉

野生の鳥は肉の繊維が粗く、皮も固いのが特徴。単に焼くよりもじっくり火を入れて、柔らかく仕上げるような調理法が好ましい。

解体を学ぶうえでの登竜門
覚えておいて損のない技術

　鳥肉は日本では昔から食べられているなじみのある食材ですが、現在は鳥獣保護法で守られているため、狩猟解禁となる11月〜3月の間に獲られます。野生の鳥は脂が少なく、身が引き締まっていて赤みが強いのが特徴です。狩猟時期が限られているため、入手できた場合はできる限り最適な状態で食肉利用したいものです。

　鳥類は、カモでもキジでもさばき方は大きく変わりません。鳥類のさばき方を覚えれば、丸鶏や七面鳥などを丸焼きして供することもできるようになります。水鳥は羽をむしるのが大変ですが、覚えておいて損はないでしょう。個体のサイズとしてもシカやイノシシと比べて手のひらにおさまるため、作業しやすい点で解体作業を学ぶ登竜門としておすすめです。

解体編

陸鳥と水鳥の違い

鳥は主に生活する環境によって陸鳥と水鳥に分けられます。
それぞれ体の特徴によって異なる解体方法のポイントをおさえましょう。

**陸鳥は脚、水鳥は羽、
発達する部位によって解体方法が変わる**

　ジビエとして狩猟が許可されている鳥類は29種類です。鳥類の場合は内臓まで食すことができるのが醍醐味のひとつといえます。その中でも大きな特徴は、砂嚢と呼ばれる臓器があることです。これはエサをすりつぶすための臓器で、歯を持たない鳥類だけにあるものです。

　また、鳥類の中で大きく分けると、キジなどの陸鳥と、カモなどの水鳥がいます。それぞれの生息地や、食べているものなどによって味も大きく異なりますが、体の発達にも違いがあり、陸鳥はアキレス腱などが上部に発達しているので、解体する際には手こずる部分です。水鳥は体温調節のために羽毛が多く、狩猟後に羽むしりをしても、細かな毛が残るので、一度熱湯処理をするか、バーナーなどで炙ってむしりやすくする必要があります。

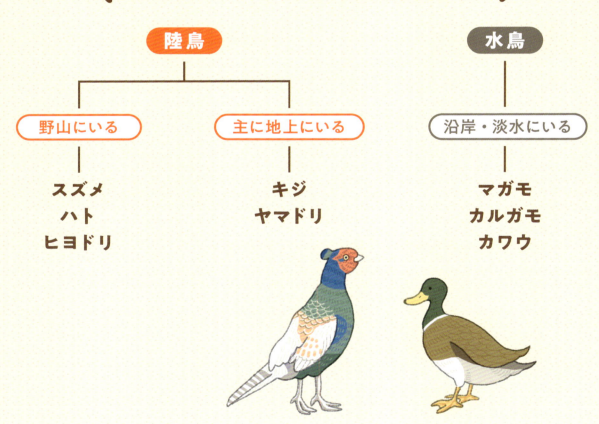

（ ジビエに適した主な野鳥の分類 ）

陸鳥
- 野山にいる
  - スズメ
  - ハト
  - ヒヨドリ
- 主に地上にいる
  - キジ
  - ヤマドリ

水鳥
- 沿岸・淡水にいる
  - マガモ
  - カルガモ
  - カワウ

（ それぞれの主な特徴 ）

ハト

【特徴】

狩猟が許可されているハトはキジバト（別名山鳩）と呼ばれる種類だけです。街中でも見かけるハトはドバトという種類で、野生のハトとして扱われていません。また、ハトは陸鳥の中でも羽が細かく、量が多いので毛抜きを丁寧にする必要があります。肉には鉄分が多く、淡白な味わいが特徴で、胸肉は脂がのっているので食べやすい部位です。

おすすめレシピ

山鳩のパイ包み、山鳩のロースト

キジ

【特徴】

脂質が少なく、高タンパクで熟成するのに適したキジ肉。キジ鍋といえば、古くから郷土料理としても親しまれるポピュラーな食べ方のひとつでしょう。しっかりとしたダシがよく出ることから鍋ものや、煮込み料理などの風味を活かした調理をされることが多くあります。しかし、加熱すると固くなりやすいのが特徴で、調理方法には工夫が必要です。

おすすめレシピ

キジの炊き込みごはん、水炊きなべ、キジしゃぶ

カモ

【特徴】

ひとえにカモといっても狩猟対象とされているのは、マガモ、コガモ、オナガガモ、カルガモなどです。種類によって味が異なりますが、独特の血の匂いが強い分、鉄分が豊富で栄養価が高いとされています。捕獲してすぐに食すか、熟成させるかで大きく味が異なり、調理法も大きく変わります。

おすすめレシピ

鴨肉のロースト、鴨肉のコンフィ、ステーキ

第2章 解体編 ｜ 陸鳥と水鳥の違い

解体編 ─→ 鳥をさばく

羽をむしる

鳥肉をさばく作業の工程を紹介します。
最初にもっとも面倒な作業、羽をむしる工程を解説していきます。

羽むしりには根気が必要

　前述のとおり、陸鳥よりも水鳥のほうが羽が多く、むしるのは非常に手間がかかります。特に羽の部分は硬く大きな羽が密集しているため、むしる作業にも時間がかかりますので、根気よく丁寧にむしっていきましょう。鶏をむしる場合、60〜70℃程度のお湯に漬けて抜きやすくする方法（湯引き）もありますが、ジビエでは味を損なう可能性があるため行いません。

羽をむしる

1 水鳥は冬場でも水辺にいるため羽の密度が多いので、鳥の解体例にはカモをセレクト。

2 両手を広げて寝かせて、先端より羽をむしる。親指と人差し指でしっかりと羽を掴み、羽の生えている方向に垂直に力強くむしる。棒毛と呼ばれる生え際の羽の根ごと抜く。

3 足から順に上体に向かって毛をむしっていく。毛は舞ってしまって邪魔になるため、バケツに水を張ったり霧吹きで水をかけながら作業するとよい。

第2章 解体編 | 羽をむしる

4 カモの体を回しながら、お腹、胸あたりへと順にむしっていく。バットやトレー上で作業している場合、この辺で一度羽を捨てたほうが作業しやすくなる。

5 手羽部分に残っていた細かな毛もむしる。片側をむしり終えた状態。かなり小さくなってしまった。

脂が少ないとむしりにくい

野鳥は脂がないとむしりにくく、皮を傷つけてしまう可能性がある。エサとして米を食べていると、脂も白く美味しい。食べているエサがいろいろ混ざっていると黄色くなる。食べるときはもちろん、作業的にも脂の多い個体を獲得したい。

45

6 首は可動域も広く皮はやわらかいため、伸びてむしりにくい部位。力任せにむしると皮を傷つけてしまうため、毛の生えている方向にむしる。

7 ひととおりむしり終えたら、一度全身を洗ってきれいにして、目で見える限りの細かい毛を再度むしる。気になるようであればトーチバーナーなどで軽く炙ってしまう。

解体編 ── 鳥をさばく

内臓の摘出

大変な羽むしりが終わったら、内臓を摘出します。
小振りな鳥の内臓摘出は、そう難しい作業ではありません。

**ヨーロッパでは
野生鳥類はジビエの花形**

　鳥とはいえ、野生鳥類の生食は禁じられています。もちろん内臓も同様。きちんと加熱処理をするなどして、食すようにしましょう。

　ヨーロッパではジビエの花形は鳥類です。特に珍重されるのがヤマシギ。「ジビエの王様」と呼ばれています。内臓の風味に特徴があり、アンチョビのような香りがあります。ペーストにしてバケットに塗り、トーストしてから皿に添えるのが王道の食べ方とされています。鮮度がよいと風味豊かで旨味もたっぷりあるため、ソースとして仕込むことも。

お腹をひらく

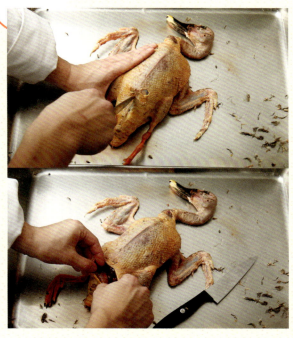

1 あお向けに寝かせて、胸骨の下あたりからお尻くらいまで2〜3cmほど切り込みを入れる。このとき、包丁で内臓を傷つけないように注意しよう。切り込みを入れたら指で開く。

2 まず砂肝を外に引き出し、指をお腹の中に入れ込み内臓を覆っている膜を剥がす。砂肝を引っ張るように順に腸を引き出しながら、内臓全体を引き抜く。

3 内臓を引き出した状態。鳥の内臓類は小さいので指でつぶさないよう慎重に引き出すこと。また、病気や寄生虫がいないか、簡単に内臓をチェックする。

解体編──鹿をさばく

肉の切り分け

内臓摘出まで終われば、あとは入手しやすい丸鶏の解体作業とやることは同じです。
それぞれの調理に適した状態に切り分けていきましょう。

基本は丸鶏と同じ「中抜き」で練習できる

　ローストチキンなどで、丸鶏の解体をしたことがある人もいるかもしれません。羽をむしり内臓を摘出すれば、ジビエの解体もそれと変わりません。お肉屋さんやスーパーなどで注文しておけば、丸鶏の入手は難しくありませんので、事前に練習しておいてもいいでしょう。その際、「中抜き」の状態で注文すれば、ここから解説する工程のスタート時点と同じものが手に入ります。一部の陸鳥は鶏や水鳥と違って脚の腱を別途取り除く必要があるので、注意しましょう。

お腹をひらく

1 まずは首を切り落とす。首を落としたら、体側の食道部分の残渣を除去できるので、首まわりを洗って体の中の水を切りキッチンペーパーなどで水気を拭く。

半身に分ける

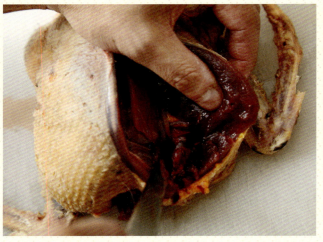

1 首側を手前にし、胸骨の中心すぐ横に包丁を入れていく。首に近くになるにつれてややカーブする。胸肉側についているささみ付近のスジは切り落とす。

2 半身を開きながら、背中側にも包丁を入れていく。モモ肉に近づくと股関節が見えてくるので、股関節を外す。

3 股関節の先のお尻部分も、体の中心線に向けて包丁を入れていく。右の写真が半身が切り分けられた状態。

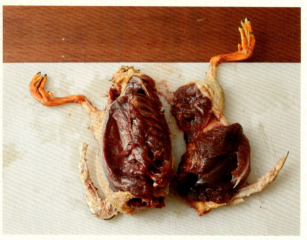

4 反対側も同様に、胸骨の中心すぐ横に包丁を入れていく。ささみ付近のスジも切り落とす。

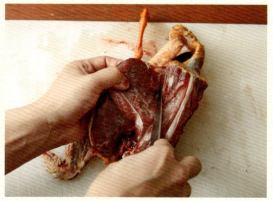

5 右手で包丁を扱う場合、股関節を探すときはモモ肉側からではなく、お尻側から包丁を入れて股関節を見つける。

第2章 解体編 肉の切り分け

49

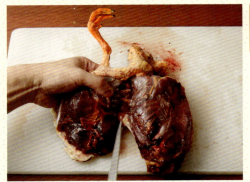
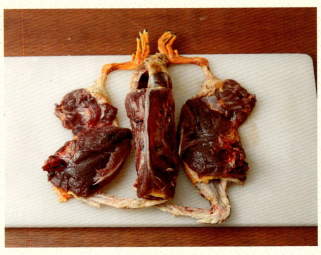

6 股関節を外したら背中側を切り分けていく。写真右が左右が半身で切り分けられた状態。中心は廃棄するか、ガラとして使う。

モモと手羽を切り離す

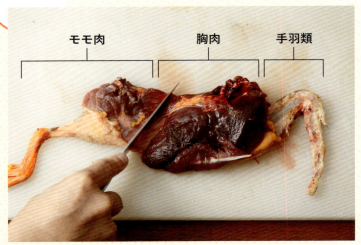

1 まずはモモ肉を切り分ける。胸肉とモモ肉の境目の位置で切り分ける。

2 脱臼させるように関節を可動域とは反対方向に曲げて骨をむき出しにし、足先の軟骨部分をカットする。

50

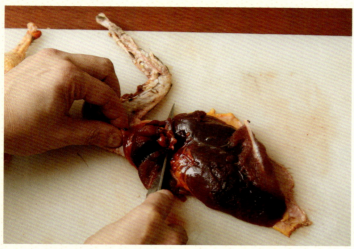

3 胸肉から肩関節ごとに手羽類を切り分ける。

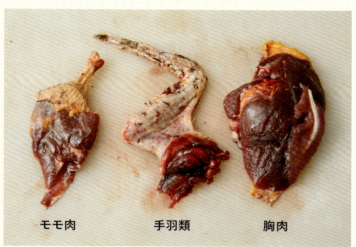

モモ肉　　　手羽類　　　胸肉

4 モモ肉、手羽類、胸肉と切り分けられた状態。反対側も同様に行う。

手羽類を切り分ける

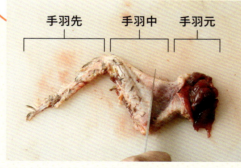

手羽先　手羽中　手羽元

1 手羽類は手羽先、手羽中、手羽元に切り分けることができる。手羽元と手羽中をつなぐ関節部分に包丁を入れて、手羽元を切り離す。

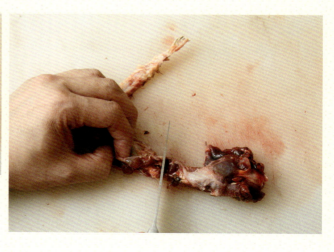

第2章 解体編 ｜ 肉の切り分け

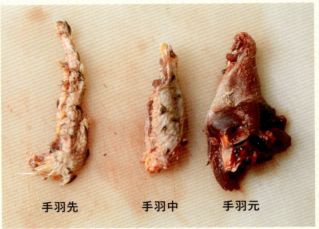

2 手羽先、手羽中の関節部分を脱臼させるように手で折り、つなぎ目に包丁を入れて手羽先と手羽中を切り分ける。右の写真が手羽類を切り分けた状態。反対の手羽類も同様に作業する。

手羽先　　手羽中　　手羽元

ささみを切り分ける

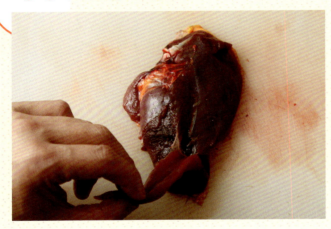

1 胸肉に付いたささみを切り分けるのは簡単。ささみの周囲にある薄膜を包丁の先で切り、首側から指を入れてゆっくり外す。反対側も同様にして外す。

完成

すべての部位が切り分けられた状態。鉄砲で撃たれた個体には、散弾などが残っているため、切り分けながら弾の有無を確認して取り除く。鶏に比べ手羽類は小さいため、肉として食べるよりもスープの出汁として使うのがおすすめ。

キジの腱を取り除く

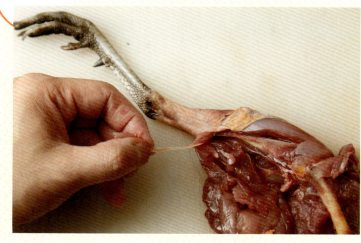

1 キジに代表される陸鳥は大半を地上で過ごすため、脚が非常に発達している。モモ肉の腱は硬くて食べられないため、取り除く必要がある。モモ肉を開き骨を露出させた指で腱を確認する。

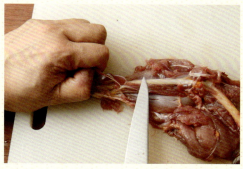

2 腱の位置を確認したら、包丁の刃先で腱を引き出し、指で引っ張りながら腱のみを取り除いていく。数本あるので、なくなるまで取り除く。

第2章 解体編 | 肉の切り分け

エサ袋を観察する

鳥には喉下、胸の上部に砂袋と呼ばれるエサ袋がある。解体時に胸の上に包丁を入れ、エサ袋を開いて何をエサとして食べていたかを確認することで、個体の状態を確認しよう。

53

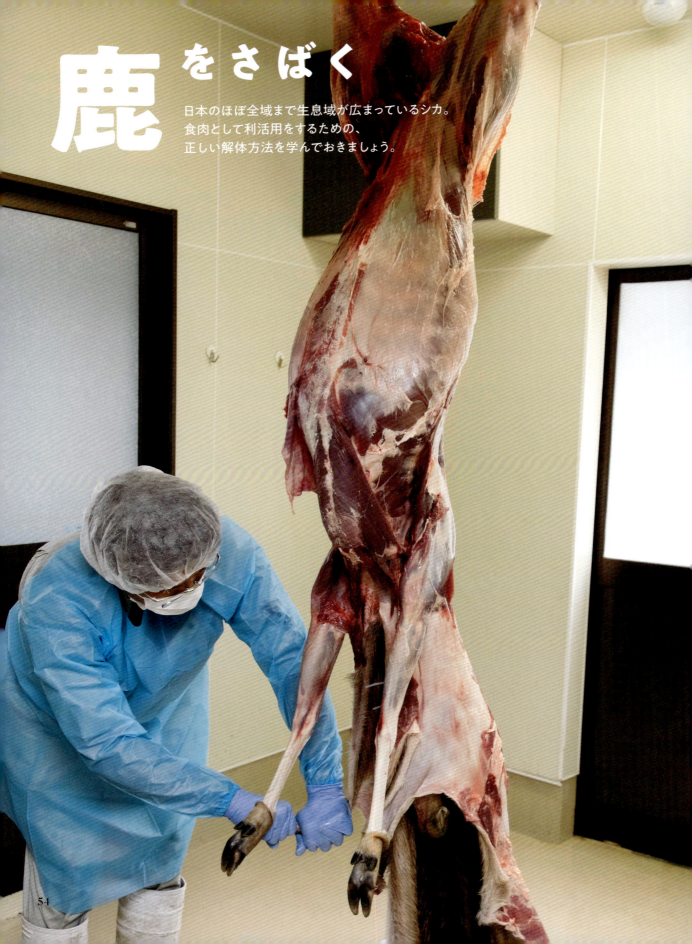

鹿をさばく

日本のほぼ全域まで生息域が広まっているシカ。
食肉として利活用をするための、
正しい解体方法を学んでおきましょう。

鹿肉の部位

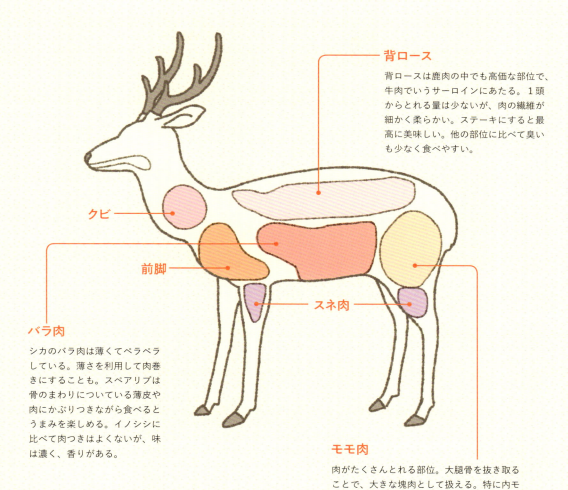

背ロース
背ロースは鹿肉の中でも高価な部位で、牛肉でいうサーロインにあたる。1頭からとれる量は少ないが、肉の繊維が細かく柔らかい。ステーキにすると最高に美味しい。他の部位に比べて臭いも少なく食べやすい。

クビ

前脚

スネ肉

バラ肉
シカのバラ肉は薄くてペラペラしている。薄さを利用して肉巻きにすることも。スペアリブは骨のまわりについている薄皮や肉にかぶりつきながら食べるとうまみを楽しめる。イノシシに比べて肉つきはよくないが、味は濃く、香りがある。

モモ肉
肉がたくさんとれる部位。大腿骨を抜き取ることで、大きな塊肉として扱える。特に内モモ肉は比較的柔らかいので、塊肉としての調理にも適している。外モモ肉はスライスして、煮込み料理や唐揚げなどに適している。

第2章 解体編 鹿をさばく

獣臭さをなくすためには内臓摘出までを速やかに行う

赤身で脂肪が少なくパサつきやすい特徴をもつ鹿肉。鹿肉の魅力を損なわないための解体時のポイントは2つ、「止め刺し後速やかに内臓摘出までを行う」「内臓は肛門から食道までを破らずに取り出す」ことが大切です。ジビエ肉が敬遠される要素として「獣臭さ」が挙げられますが、これは「血抜き」の良し悪しによって決まります。鹿肉に血液が残ると空気に触れて酸化し、それが獣臭さとして敬遠されてしまうのです。また、内臓摘出が遅れると腹部にガスが溜まり、内容物の臭いが肉に付着して食材として使い物にならなくなってしまいます。適切な止め刺し・血抜きがされた個体を、これから紹介する解体方法に従って正しく迅速に処理するようにしましょう。

解体編 ── 鹿をさばく

洗浄・剥皮

解体の前に、まずは剥皮を行います。
枝肉の表面に体毛などが触れると汚染される可能性があるため、慎重に行いましょう。

ダニやノミなどの外部寄生虫を排除する

大きく分けて、剥皮、内臓摘出、解体と進めていく解体作業。最初に必要なステップとして、体表面の洗浄があります。野生で育ったシカには、ダニやノミなどの外部寄生虫が付着している可能性があります。まずは体表面からしっかりと退散してもらいましょう。これを徹底するために、処理施設によっては高濃度塩素水を散布したり、火炎バーナーで焼いたりするところもあります。洗浄が終わったら、水切りを実施するようにしましょう。

アキレス腱を露出させて、ハンガーのフック部分にアキレス腱を引っ掛けて吊り下げると作業しやすくなります。

体表を洗浄する

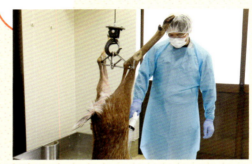

1 まずは体表を水でしっかり洗浄する。その後の工程で枝肉が汚染される危険を減らすことができる。

2 口や肛門など、特に汚染されている可能性が高い部位ほど、入念に洗浄する。

食道を結さつする

1 胃の中の内容物などが飛び出さないように、喉の部分で食道を結さつする。食道を傷つけないように、顎の下中心からややずれたところにナイフを入れて、食道を露出させる。

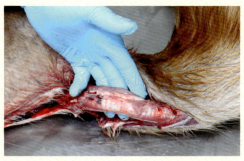
2 指を食道の後ろに回して、食道と気管を引き出す。

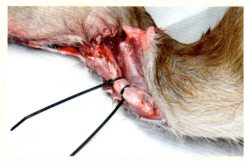
3 結束バンドで食道をぎゅっと締める。念のため2カ所で締める。

第2章 解体編 ｜ 鹿／洗浄・剥皮

後ろ脚を落とす

1 膝の軟骨を切り離すようにナイフを入れて、膝より先を切り落としてしまう。

剥皮する

1 内臓を傷つけないように、後ろ脚の付け根あたりから、内臓にナイフの先端が当たらないよう皮を切る。左手で皮を引っ張りながら行うとよい。

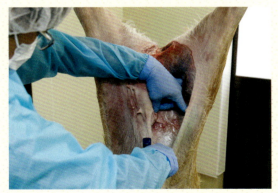
2 シカの腹部は特に柔らかいので、膜を切るように剥ぐのがポイント。勢い余って内臓を切ってしまうと内容物が飛び出してしまうため慎重に行うこと。

3 内臓を避けるようにナイフを入れていき、みぞおちや胸骨あたりでナイフが中心に位置するようにカーブさせながら切っていく。

57

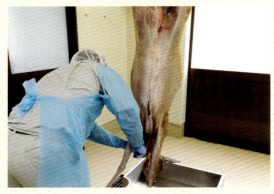

4 中心までカットしたら、食道を結さつした際に切った喉あたりまでまっすぐ下に切り進めていく。

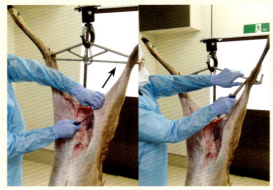

5 後ろ脚の皮をカットする。1でカットした付け根の中心あたりから、肉を傷つけないように足首のほうへナイフで切り進める。もう片方の脚も同様に行う。

6 前脚も同様。4でカットした中心部分につながるように、切り進める。スネより先はほぼ可食部はない。骨に沿わせてナイフを入れていく。

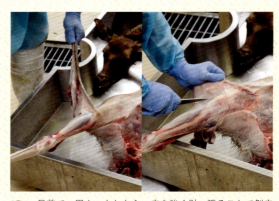

7 足首で一周カットしたら、皮を強く引っ張ることで剥皮することができる。モモに近づくにつれて剥ぎにくくなるため、肉を傷つけないように皮にナイフを当てながらお尻付近まで切り進める。もちろん皮も傷つけなければ、皮の利用も可能になる。

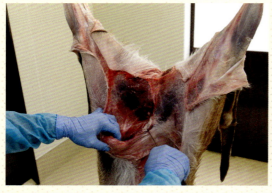

8 後に手で引っ張って剥ぐことができるよう、腹部と脚の付け根の皮を背中側に向けて剥いでいく。

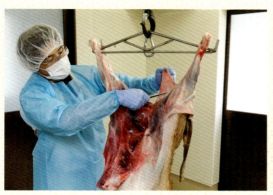

9 モモとお尻付近の皮も剥がして、背中側に回り込ませていく。

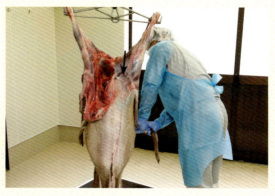

10 後ろ脚の皮を両手でしっかりと持ち、体重をかけて下に引っ張る。

肛門を結さつする

1 食道同様、後の内臓摘出の際に、消化管の内容物が飛び出して枝肉を汚染しないよう、肛門（直腸）も結さつする。まず、ナイフで肛門の周囲を回し切り、肛門を引っ張り直腸を引き出す。

2 直腸を引き出し、もう片方の手にナイロン袋を裏返しにして被せて肛門に被せる。

3 肛門にナイロン袋を被せたら、結束バンドをぎゅっと締める。こちらも2カ所で締める。

駆除料の申請に必要

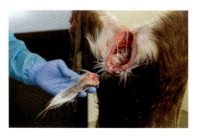

各自治体によってルールや金額は異なりますが、有害鳥獣駆除報奨金の交付を受けるには、申請書と捕獲写真のほか、確認部位として尻尾を届け出ることがあります。残渣と一緒に捨てないように注意しましょう。

第2章 解体編 ／ 鹿／洗浄・剥皮

剥皮する②

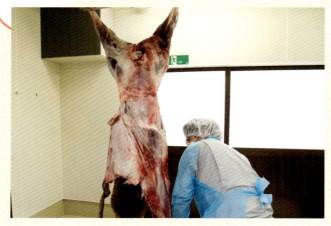

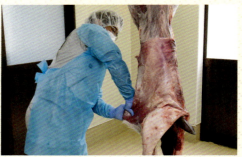

11 片側を一気に引っ張るのではなく、均等に剝いでいく。きつきつの服を脱がしていくような感覚。シカの毛はとても抜けやすく、毛を引っ張ってしまうと毛が肉に付着してしまうこともあるので、しっかりと皮を持って引っ張ること。

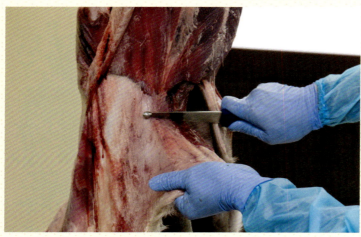

12 柔らかすぎて剝がしにくい部分などは、無理をせずに腸裂きナイフなどで丁寧に剝いでいく。左手で皮を引っ張りながら膜だけを剝がすようにナイフを当てるだけで比較的簡単に剝ぐことが可能。

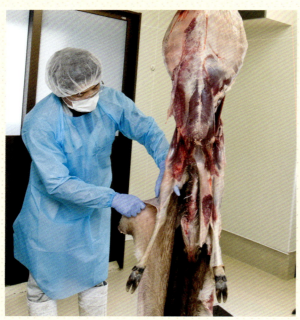

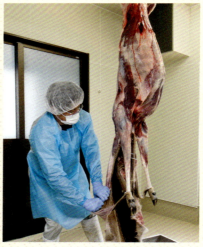

13 首の下まで剝ぐことができたら前脚も。背中側の皮を掴んで引っ張ることで容易に剝ぐことが可能。

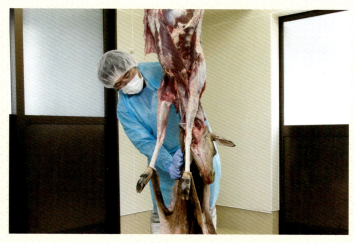

14 前脚の足首まで皮を引っ張ったところ。皮は足首と首の部分のみでつながっている状態となる。

第2章 解体編 鹿／洗浄・剝皮

ウインチで持ち上げて剝皮

脚の皮を剝ぐところまでできたら、ウインチなどで固定して持ち上げることで、労せずに剝皮することが可能。多くの個体を剝皮するのであれば、整えたい設備である。

前脚を落とす

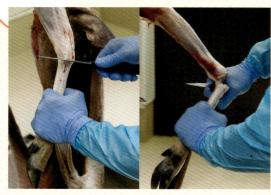

1 後ろ脚と同様。関節部分にナイフを入れて、前脚を皮ごと切り離してしまう。もう片方の脚も同様に行う。

61

頭部を落とす

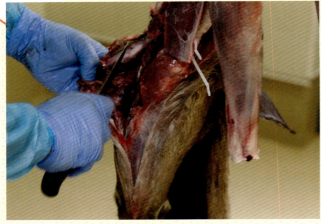

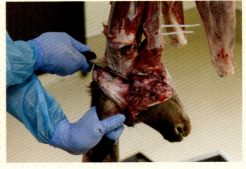

1 顎下あたりまで皮を剥ぎ、首の後ろ側からナイフを入れていく。

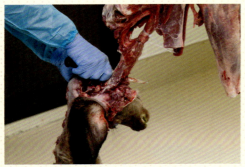

2 骨にぶつかったら、頸椎のつなぎ目を探し、頭部を切り落とす。のこぎりなどで切り落とすことも可能だ。

剥皮の完了

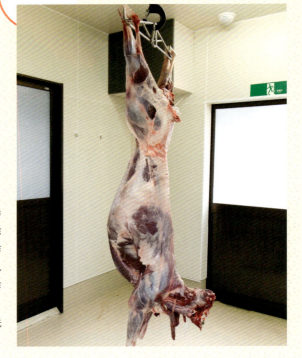

ナイフも手も
常に清潔さを保つことが重要

　剥皮を終えた状態。肉に毛が付着しているようであれば、アルコール消毒したブラシやペーパータオルなどで除去しておきます。また、ここまでの作業の中で、手指が外皮などで汚染された場合は、その都度洗浄・消毒して作業するようにしましょう。ナイフも、83℃以上の温湯を用いてこまめに洗浄・消毒する必要があります。

解体編 ──→ 鹿をさばく

内臓の摘出

剥皮が完了したらいよいよ内臓の摘出です。肉が消化管の内容物に汚染されないよう、慎重に作業しましょう。

第2章 解体編 鹿／洗浄・剥皮／内臓の摘出

消化管を傷つけることなく摘出することが大切

衛生管理の面から、内臓の取り出しは清潔な解体処理施設内で行わなければなりません。前述したとおり、止め刺しから速やかに内臓を摘出することで、内臓からガスが発生して臭いが肉に移るのを防ぎます。

剥皮のときと同様、食道から直腸まで、長くつながっている消化管を傷つけることなく摘出することが大切です。もし、可食部が汚染されてしまったら、水などで流さずにその部位は完全に切り取ってください。

内臓部分を剥がす

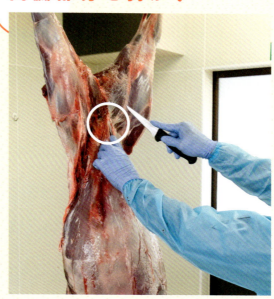

1 腹部の股の間にナイフを入れて切り込みを入れる。このとき、ナイフの先が内臓を傷つけないように慎重に行うこと。

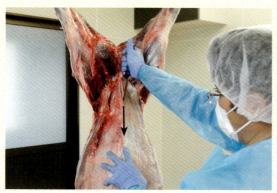

2 内臓を傷つけないように、1の切り込みに腸裂きナイフを入れ、真下に切り下ろしていく。

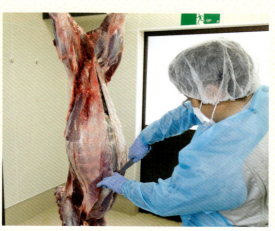

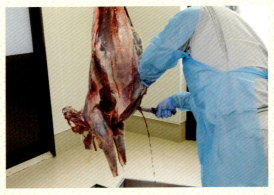

3 胸骨まで切り下ろしていくと、腹部に溜まっていた血液が流れ出す。このとき、血液以外の液体（腹水や胸水）が溜まっていた場合は、内臓も肉もすべて廃棄する。

4 腹部が開いても内臓は膜で固定されているためすぐに落ちてくるわけではない。結さつした直腸とともに、手で内臓を膜から剥がしていく。

5 手で胃や腸を破らないよう注意しながら、慎重に内臓を膜から剥がしていく。

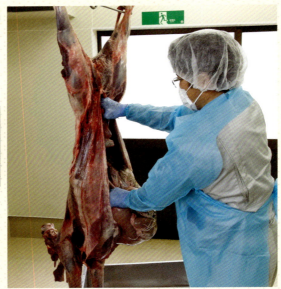

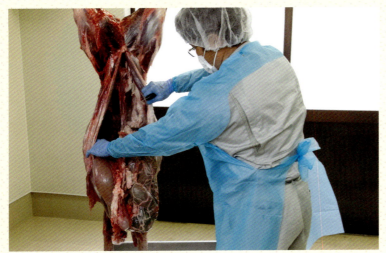

6 横隔膜を剥がすと、内臓全体がつながった状態で腹部から飛び出してくる。

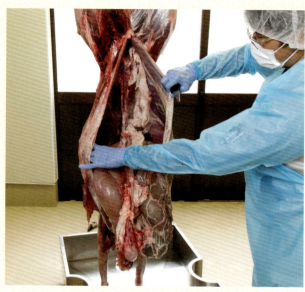

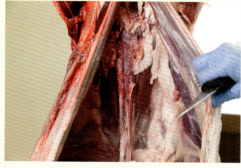

7 内臓が剥がれた状態で、内側に残るリンパ節などの状態を確認する。

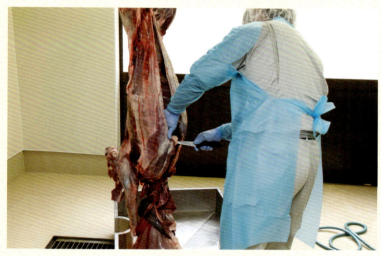

8 手で剥がれにくい部分は慎重に上から下へとナイフを動かし、膜と臓器を剥がしていく。

9 内臓を腹部からすべて落とす。直腸、食道は事前に結束バンドで結んでいるため、ナイフなどで傷つけない限り肉を汚染させることなく取り出せる。

第2章 解体編 ｜ 鹿／内臓の摘出

65

内臓所見

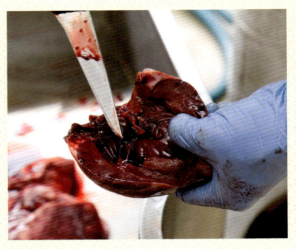

1. 摘出した内臓は下記のガイドラインにより異常の有無を確認する必要があり、心臓のみは切開して確認する。心臓の筋肉や弁膜を観察。弁膜にいぼがあったものや筋肉に異常が認められたものは、内臓・肉ともに廃棄処分する。

2. 肝臓は表面が滑らかであることを確認。表面に繊維が付着していてたり、結節（腫瘍、膿瘍など）がないことを確認。また、表面に白色の管状の結節があれば、寄生虫による病変が起きている可能性がある。このほか、色や形、大きさに異常がないことを確認する。

❶ 内臓廃棄の判断

❶ 肉眼的に異常が認められない場合も、微生物及び寄生虫の感染のおそれがあるため、可能な限り内臓については廃棄することが望ましい。

❷ 厚生労働省のカラーアトラスでは臓器の異常部分の割面所見を示しているが、通常の処理では、部分切除、病変部の切開などは、微生物汚染を拡大する可能性があるため行わないこと。ただし、心臓のみは切開して状態を確認する。

❸ 内臓摘出時に肉眼的に異常が認められた場合、その内臓は全部廃棄とする。

❷ 個体の全部廃棄の判断

❶ 内臓に異常が認められた個体は、安全性を考え、食用にしないことを原則とするが、カラーアトラスに示されたような限局性の異常であることが明らかであるか、または筋肉に同様の異常がないことを肉眼的に確認できる場合には、適切に内臓を処理することにより、筋肉部分は利用可能と考えられる。ただし、それ以外の異常所見（リンパ節腫脹、腹水、胸水の貯留、臭気の異常など）が認められた場合は、安全性を考え、全部廃棄すること。

❷ 筋肉内の腫瘤について、肉眼的に全身性の腫瘍との区別は困難であることから、筋肉を含め全部廃棄すること。

内臓摘出の完了

問題がなかったとしても内臓は食用ではない

かつてはレバーや脳みそなど内臓も可食部として扱われてきました。自家消費されている猟師さんたちのなかには、自己責任のもと食用としている人も少なくないでしょう。ただ、新たに設けられたガイドラインでは、ジビエ肉の内臓は食用として流通させないように指導しています。また、内臓所見で問題がなかったとしてもリスクがあることに間違いありません。自家消費とはいえ、レバ刺しなどの生食は決して推奨されません。

第2章 解体編　鹿／内臓の摘出

どれがどの内臓か判別できるようになろう

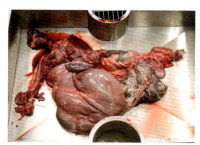

心臓や肝臓のほかに、膵臓や腎臓なども確認が必要。チェックする内容は同じ。表面が滑らかか、白色の病巣がないか、色や形・大きさに異常がないかなどです。どの部位がどの臓器か、判別できるようにしておきましょう。

解体編──→鹿をさばく

解体

鹿肉の可食部を解体していきます。部位別の解体方法を細かく解説します。

手袋は交換しナイフも消毒 より一層の衛生面への配慮を

　剥皮、内臓摘出と可食部が汚染する可能性のある工程を経て、いよいよそれぞれの肉を解体・分離していきます。食べる部位に触れて作業していくことになりますから、これまで作業してきた手袋は交換し、ナイフも改めて消毒しておきましょう。鹿肉はスジが多いので、可食部を分ける箇所が把握しやすく、無駄無く解体できる個体です。順を追って、適切に切り分けていきましょう。

ヒレ（内ロース）の解体

1 内臓の内側、背骨の両脇にある内ロース。牛でいうヒレ肉で、高級部位として扱われているが、鹿肉は大きくても直径4cm、長さ20cmほどしかない。

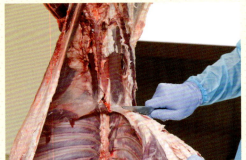

2 脇腹に位置する肉をモモから切り離し、バラ肉までを切り開く。モモの付け根部分にあるのが内ロース。

3 背中側を残して脇腹の肉を切り開いていくと、内ロースだけが背骨を挟んで2つ露出されるので、背骨の間にナイフを入れて削ぐようにカットする。

リンパ節は切り取る

P65の **7** でも確認したように、後ろモモの内側にはリンパ節がある。肉に混入すると悪臭が出るので切り取ってしまう。

バラ肉の解体

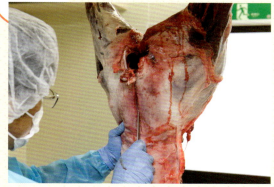

1 個体の背中側にまわり、腰の付け根から背骨に沿ってナイフで切り込みを入れていく。

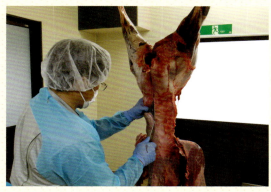

2 背中側にある肉は、後に背ロースとして解体する。腰から首の付け根までの背骨に沿っている部位が背ロース。

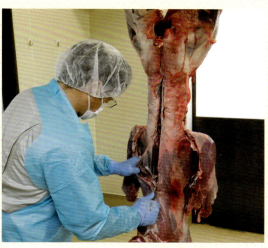

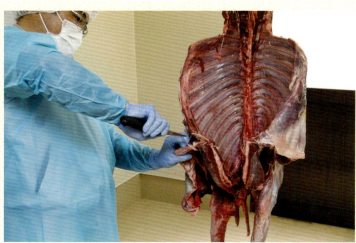

3 アバラの外側にある薄い肉をアバラ骨に沿ってナイフを入れてカットしていく、肉だけをカットせずに骨ごとカットしてスペアリブとして使用することも可能。

第2章 解体編 鹿／解体

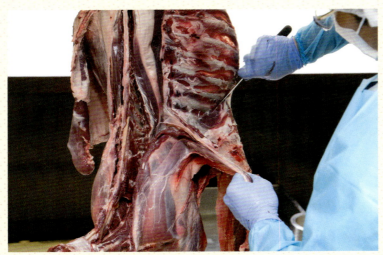

4 反対側も同様に、アバラ骨に沿ってナイフを入れてカットしていく。左手でバラ肉を引っ張りながらナイフで剝がしていく。

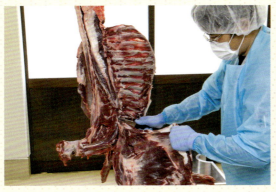
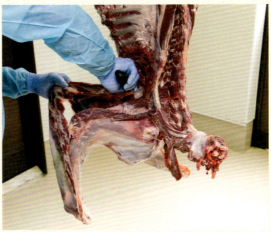

5 後に切り分けるので、前脚のウデ肉と連結した状態のままバラ肉を切り分けてしまう。バラ肉に沿って、肩ごと切り離す。

モモ肉の解体

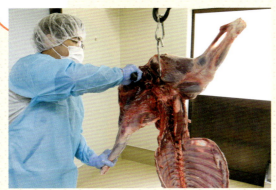
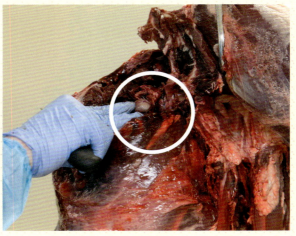

1 大腿骨の付け根部分の関節周囲にナイフを入れ、脚を引っ張りながら大腿骨に沿って大きく切り取る。切り進めると関節のつなぎ目が出てくる。

70

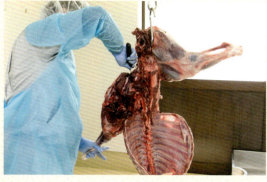

2 関節を外して脚を引っ張りながら背骨まで切り進めていき、背ロースを残して切り離す。

3 背ロースを残してモモ肉より脚全体の肉を切り離した状態。反対側も同様にして大腿骨にナイフを入れて切り離していく。

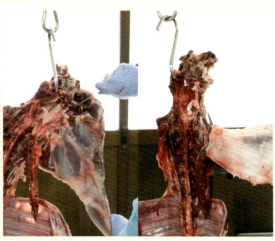

背ロースの解体

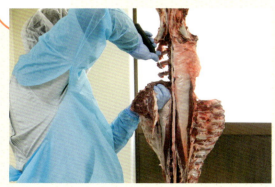

1 バラ肉解体時に残していた背ロースを分離する。腰の付け根から背骨のラインに沿って接合部を切り離していく。鹿肉でも最も価値の高い部位だ。

第2章 解体編 鹿／解体

71

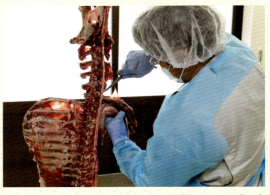
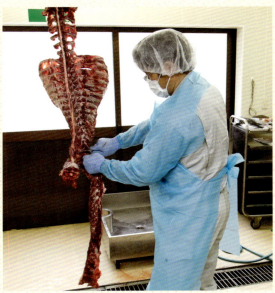

2 反対側も同様に行う。背ロースは尻側からアバラ骨8本目と9本目の間で切断する。

解体の完了

解体編 ━━ 鹿をさばく

肉の切り分け

おおまかに解体した鹿肉を、調理のしやすい流通可能なサイズに切り分けていきます。

第2章 解体編／鹿／解体／肉の切り分け

肉にはあまり触れないように焦らずスムーズに作業する

　解体までは「命をいただく」意識が高まる作業でしたが、ここからはより「食べる」意識が高まってきます。調理するとき、食べるとき、食べる人のことを考えて、丁寧に作業することを心がけましょう。

　作業は焦らずゆっくりと。スムーズに行うために、包丁はよく研いでおくことをおすすめします。また、肉を切り分ける際はなるべく骨を持つようにして、肉にはなるべく触れないように。体温が伝わると肉が傷みやすくなってしまいます。ただし、関節や切り込みを入れる位置がわからないときは、むやみに包丁の刃先で探ると肉が傷ついてしまいます。刃先が骨に当たって刃こぼれすることもあるので、指で確認しましょう。

スネ肉をはずす

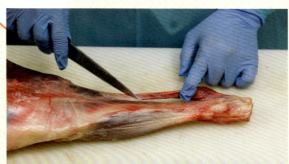

1 足先にあるスネ肉から切り分ける。吊るしていたアキレス腱を切り取る。

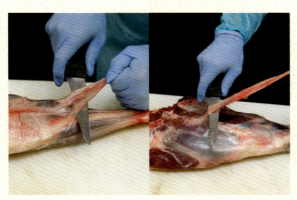

2 表面部分の筋膜を削ぎ落としていく（トリミング）。これが残っていると食感も歯切れも悪くなる。

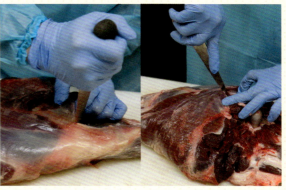

3 肉と骨の境目を探して、足先から膝の関節まで骨に沿って包丁を入れて肉を切り離していく。

73

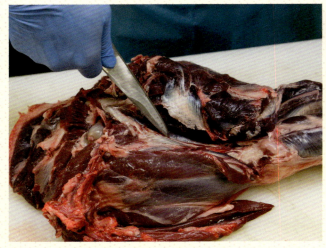

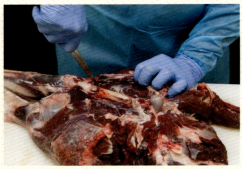

4 膝の関節を見つけたら、続けて、モモ側の骨まで外していく。スネと同様に、骨に包丁を沿わせて外していく。

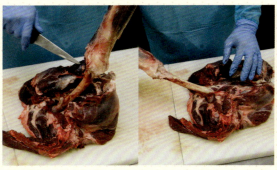

5 ある程度外していくと、骨を持ち上げることができる。骨を持ち上げながら、接合部分の骨に包丁を沿わせて外す。

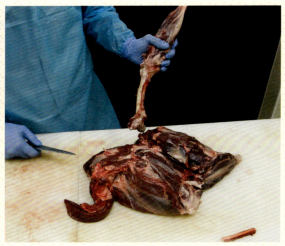

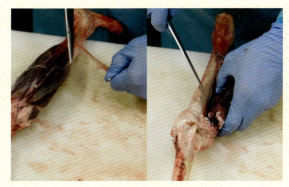

6 骨に残った肉を外す。まずは表面の筋膜をトリミングして、骨に包丁を沿わせていく。

7 肉をめくるようにして、接合部分を切り離していく。スネ肉の切り分けが完了。

モモ肉の切り分け

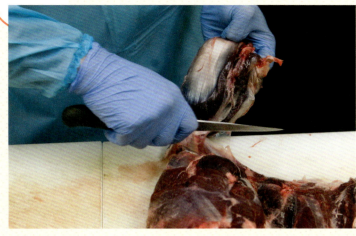

1 モモは大きく分けて4つのブロックがある。ブロックの境目に包丁を入れていく。

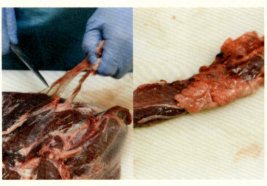

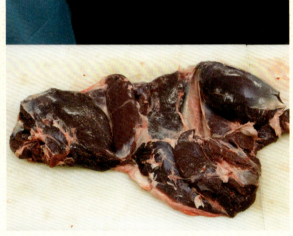

2 後ろモモの内側にはリンパ節が残っている。これが残ると臭いを発生させるのでトリミングしてしまう。骨があった部分にも筋膜が残っているので、手で引きはがしていく。

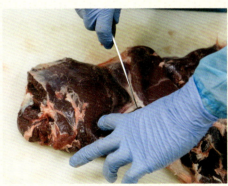

シンタマ
内モモ
外モモ（とランプ）

3 内モモ、外モモ、シンタマと3つに切り分けた状態。シンタマはスジが少なく調理もしやすい。アキレス腱につながる外モモはスジが多い。

第2章 解体編 鹿／肉の切り分け

前脚の切り分け

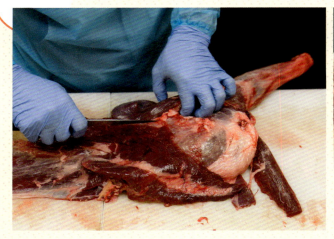
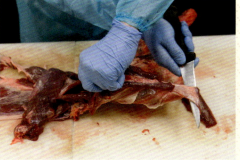

1 モモ肉同様、表面の筋膜をトリミングしていく。

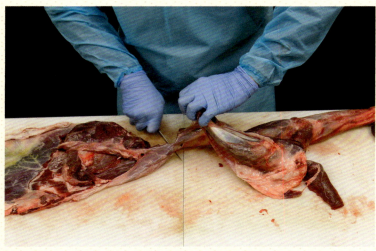

2 ウデと肩とを切り分ける。

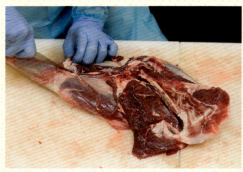
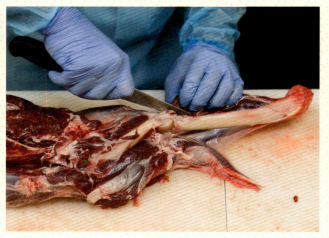

3 後ろ脚のスネと同じ要領で、骨に沿って包丁を入れて肉を切り離していく。

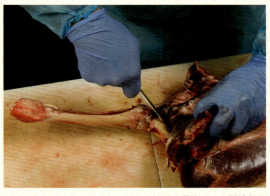

4 肉をめくるようにして骨との境目を露出させ、関節部分にたどりつくまで包丁で切り離していく。

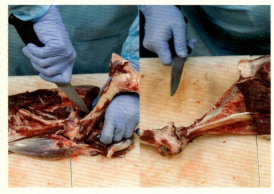

5 骨が持ち上がるようになったら、関節と肉の接合部に切れ目を入れて、肉から引きはがす。

背ロースのトリミング

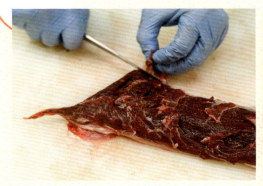

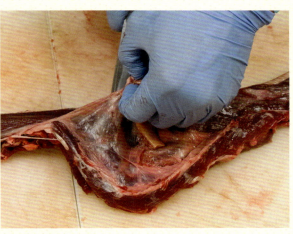

1 背ロースに付着している膜や雑肉、スジなどをトリミングして、なるべく赤身だけの状態にする。写真右の左手で掴んでいるのが首につながるスジ。

2 背ロースと雑肉をトリミングできた状態。

第2章 解体編 鹿／肉の切り分け

77

猪をさばく

牡丹鍋などで日本でも古くから親しまれてきた猪肉。
食肉利用できる部位も多いので
衛生的な正しい解体方法を覚えておきましょう。

猪 肉 の 部 位

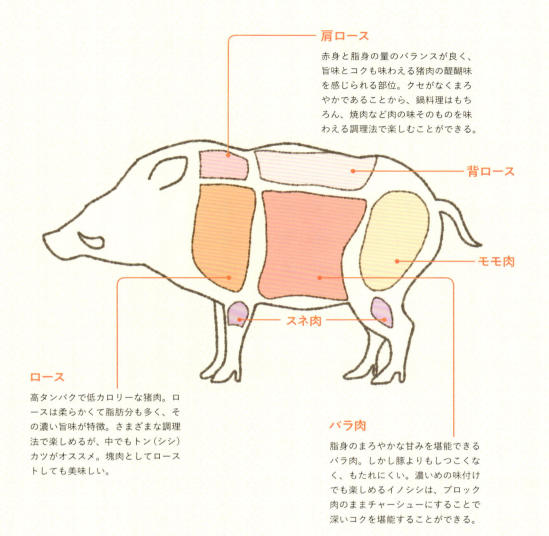

肩ロース
赤身と脂身の量のバランスが良く、旨味とコクも味わえる猪肉の醍醐味を感じられる部位。クセがなくまろやかであることから、鍋料理はもちろん、焼肉など肉の味そのものを味わえる調理法で楽しむことができる。

背ロース

モモ肉

スネ肉

ロース
高タンパクで低カロリーな猪肉。ロースは柔らかくて脂肪分も多く、その濃い旨味が特徴。さまざまな調理法で楽しめるが、中でもトン（シシ）カツがオススメ。塊肉としてローストしても美味しい。

バラ肉
脂身のまろやかな甘みを堪能できるバラ肉。しかし豚よりもしつこくなく、もたれにくい。濃いめの味付けでも楽しめるイノシシは、ブロック肉のままチャーシューにすることで深いコクを堪能することができる。

第2章 解体編 猪をさばく

衛生管理は徹底的に
止め刺し時の状態でも肉質が変わる

　イノシシの解体方法には、シカのように皮を剥ぐ方法や、毛を剃る方法、熱湯で湯引きする方法などさまざまありますが、ここでは衛生管理のガイドラインに沿ったナイフで皮を剥いでいく方法を紹介します。イノシシは100kgをも超える大きな個体が捕獲されることもあり、獲れる肉の量も多く、作業は大変なので覚悟しましょう。

　イノシシは寄生虫をはじめ、いくつもの病原体を持っている可能性が高いので、新鮮だからといって安全とは限りません。食肉利用するためには、適切な手順で処理を行うことが大切です。また、捕獲時の止め刺しの際に興奮状態であったりすると放血が不十分になり、臭くてクセのある肉質となってしまいます。できれば安静な状態で止め刺しされたものを食肉利用しましょう。

解 体 編 ──→ 猪をさばく

洗浄・剥皮の準備

体も大きく毛も硬いイノシシの体表はかなり汚染されている可能性があります。
しっかりと洗浄することが大切です。

**処理施設に運び込む前に
事前に洗浄する必要がある**

　泥遊びを好むイノシシの体表はシカよりも汚れていることが多いものです。毛も剛毛で、ダニやイノシシシラミなど多くの虫が体に付着していることが多いため、解体処理施設に運び込む前にある程度洗浄しておくことが望まれます。捕獲したイノシシを運搬する車両の荷台なども、イノシシの血液やダニなどで汚染されている可能性があるため、使用ごとに洗浄しておく必要があります。

　また、消化管の結さつはシカと同様に行います。どちらも結束バンドにて2重に結さつしておきましょう。

体表を洗浄する

1
まずは体表に付着した泥などを洗浄する。大きな個体で捕獲されることもあるイノシシ。片脚を足首部分で固定して懸吊すると、作業がしやすくなる。

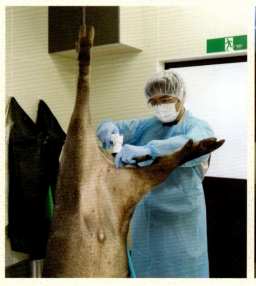

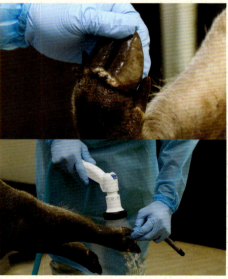

2
体の下部より洗浄していく。肛門部は入念に洗浄し、食肉になるわけではないが蹄も汚れているため、作業時に周囲が汚れないよう洗浄しておく。

80

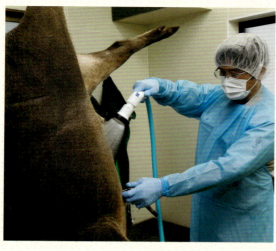
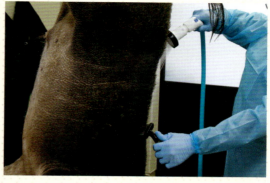

3 イノシシの体表には多くのダニが付着している。ブラシなどを使って入念に洗浄する必要がある。解体施設内に持ち込む前に、施設外でも体表を洗い流しておくことが推奨される。

食道を結さつする

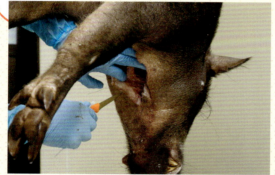
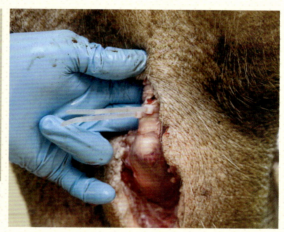

1 シカと同様、消化管の内容物が漏出しないよう、最初に食道を結さつする。顎下にナイフを入れて食道を露出させ、結束バンド2本で結さつする。

肛門を結さつする

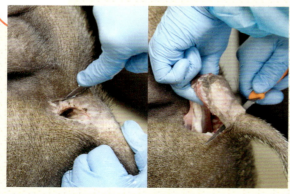
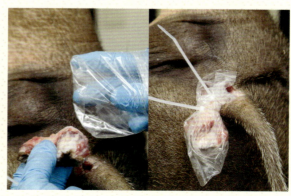

1 次に肛門を結さつする。尾の下、肛門を傷つけないよう囲うように切り取る。この際、尾は切り離さない。

2 肛門部を指で引き出し、ナイロン袋を被せて結束バンドで2重にして結さつする。

第2章 解体編 猪／洗浄・剥皮の準備

解体編 → 猪をさばく

剝皮

硬い皮を持つイノシシの剝皮は、シカに比べると大変骨が折れる作業です。
また、旨味となる脂肪部分を無駄にしないよう、慎重に作業する必要があります。

なるべく脂肪を残して
皮だけを剝皮することを目指す

　ある程度までの剝皮が進めば、力技で引っ張って剝皮することができるシカと比べ、硬い皮を持つイノシシは同じようにはできません。全身の皮を全てナイフで剝がしていく必要があります。皮下脂肪が多いため、ナイフで剝皮を進めていくと途中で皮との境目がわかりにくくなってきます。皮側に脂肪がついたまま剝いでしまうと旨味を失うことにもなりますが、あまり薄く皮だけを狙って剝ぐと硬い毛の毛根部分が肉側に残ってしまいます。時間のかかる作業でもありますが、根気強く丁寧に剝皮していきましょう。

内臓部分の皮を剝ぐ

1 懸吊されてテンションがかかっている内股部分の皮に、スキナーナイフのガットナイフ側で薄く切り込みを入れる。

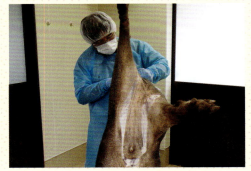

2 1の切り込みからスタートして、お腹まわりを薄くカットしていく。カットした皮は最後にめくれるように、お尻の上部はカットせず残しておく。

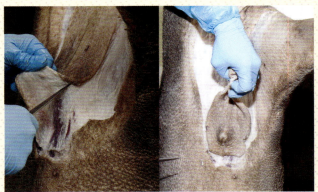
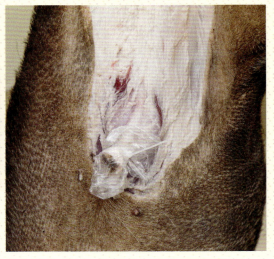

3 陰茎の周囲は慎重にカットする。液体が飛び出ないように、念のためナイロン袋を被せて結さつする。今回の個体はオスのため、陰茎含めたお腹まわりまで剝皮しておくが、メスの場合は肛門付近にあるためここまで大きく剝皮しておく必要はない。

脚の皮を剥ぐ

第2章 解体編 ｜ 猪／剥皮

1 懸吊された個体を一度下ろし、後ろ脚の内側の足首部分に切り込みを入れる。

2 切り込み部分からお腹まわりのカットした部分まで、股を切り開いていく。ガットナイフ側で反対側も同様に行う。

3 2で切り開いた皮をつまみながら、骨に沿って皮を剥いでいく。片側を半周分剥いだら、もう一方から同様にして剥いでいき、スネ肉は一緒に切らないよう皮だけを剥いでいく。

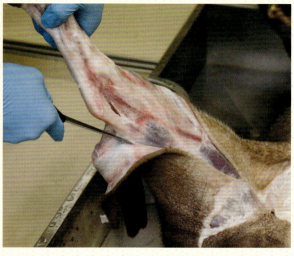

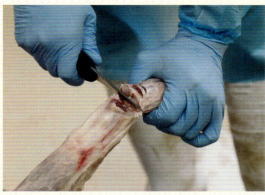

4 足首を折り関節部分を伸ばした状態で軟骨部分にナイフを入れて足首以下を切り落とす。反対側も同様に行う。

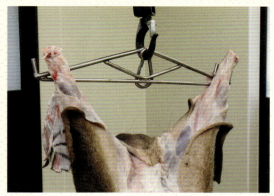

5 両方の足首を落としたら、再度懸吊する。このとき、脚の皮の表面が肉に触れないように注意。脚の皮も腹部の皮も体表側にめくっておく。

83

体の皮を剝ぐ

1 続いて体の剝皮を進める。腹部の切り込みの中心から、ガットナイフ側で顎の下まで切り込みを入れていく。

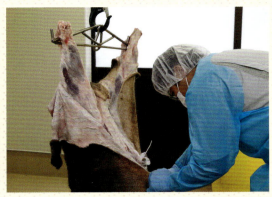

2 脚部のカットした皮を引っ張りながら、肉に脂肪が残るように皮だけを剝いでいく。後ろ側、腹部となるべく高さが均一になるように剝皮を進める。

3 腰部まで剝皮を進めると皮が重たくなってくるため、誤って脂肪ごと剝いでしまうことがある。重たいが皮を引っ張りながら、肉に脂肪を残すように剝いでいく。

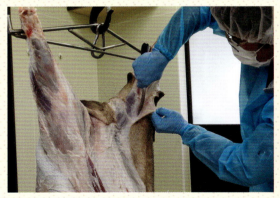

4 片側の剝皮がある程度進んだら、もう一方へと移行。なるべく均一に剝皮を進める。肉に脂肪を残すように、手前側に皮を引っ張りながら皮に沿ってナイフを入れていく。皮を別途利用する場合は、皮も傷つけないように注意。

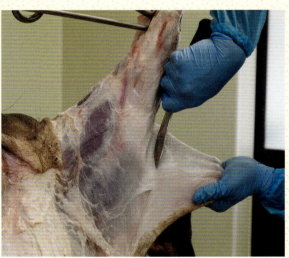

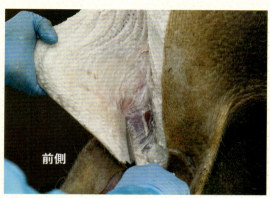

5 前脚部分に到達したら、脇から前脚の内側を足首までカットしていく。脇の部分は柔らかく、ときにナイフが皮を突き破ってしまうこともある。刃先が体表側に触れてしまった場合は、その都度ナイフを洗浄・消毒して作業を続ける。

6 後ろ脚と同様、内側に切り込みを入れ、体表面が肉に付着しないよう皮を剥いでいく。足首のまわりに一周にナイフで切り込みを入れる。

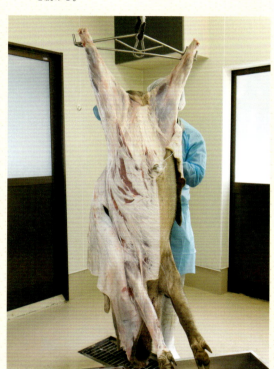

7 片側の剥皮が前脚まで終わり、腹部の皮を背中側にめくっている状態。常に体表面が肉に触れないように注意しながら、もう片側の剥皮を進める。

8 5、6と同様に、片側の前脚を剥皮していく。

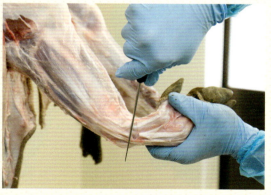

9 後ろ脚の足首を落としたときと同様に、足首の関節部分を最大限伸ばした状態で軟骨部分にナイフを入れて足首以下を切り落とす。反対側も同様に行う。

第2章 解体編 猪／剥皮

10 背中側の剥皮を進める。皮の重みは増しており、脂肪分も多いため、なるべく肉に脂肪を残すように慎重にナイフを入れていく。

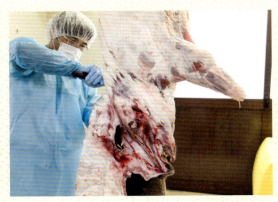

11 頭頂部は骨に沿ってナイフを入れていくことで比較的簡単に剥皮することができる。ほほ肉には脂肪分も多いため慎重にナイフを入れていく。

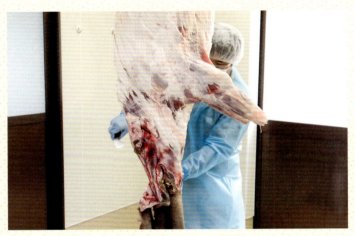

12 鼻先、顎まで剥皮を進めていく。箱罠にかかった猪は脱出をしようと罠に頭突きを繰り返していてひどく出血した状態の場合があるため、切り落としてしまう。

地域によっては湯むきをするところも

今回紹介した方法以外に、猪の剥皮の方法で有名な湯むきがある。お湯に漬けるかお湯をかけながら毛だけをむいていく方法で、肉側に皮が残るのが特徴。九州地方など、地域によっては湯むきが一般的に行われているところもある。

毛根が残っていないか確認する

なるべく脂肪を残そうと薄く剥いだことで、猪の硬い毛根が肉側に残っていることがあるので、剥皮が完了したら、最後に肉の表面をチェック。見つけた場合はトリミングをすること。

解体編 ── 猪をさばく

内臓の摘出

イノシシ解体時の大仕事、剥皮が終わればいよいよ内臓を摘出します。
食肉利用できるかどうか、内臓摘出後の状態確認が大切です。

基本的には内臓は全部廃棄 異常確認を徹底すること

　内臓摘出後はまず異常がないか確認する必要があります。目で見て異常がないとしても、微生物や寄生虫に感染しているおそれがあるため、可能な限り内臓はすべて廃棄します。見た目で異常が確認できた場合はもちろん全部廃棄です。また、内臓に異常が認められた個体は安全性を考え肉も食用すべきではありません。しかし、限定的な異常である場合や筋肉には同様の異常が確認できなかった場合は、食用が可能です。

腹部を開く

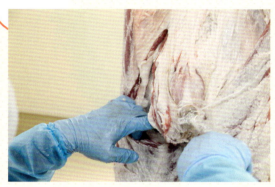

1 剥皮のときに結さつした陰茎の下側にナイフで切り込みを入れる。この際、内臓を傷つけないように注意すること。

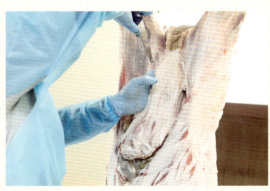

2 1で入れた切り込みに腸裂きナイフを入れ、剥皮のときと同じように腹部のまわりを切っていく。

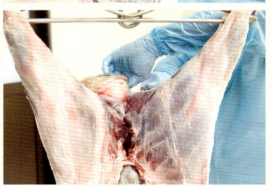

3 お尻まで切り込みを入れたら、結さつしている陰茎部分ごと背中側にめくっておく。

第2章 解体編 猪／剥皮／内臓の摘出

87

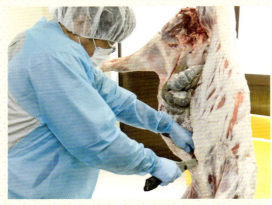
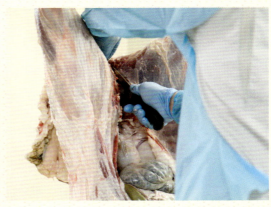

4 1で入れた切り込みから、体の中心を顎まで切り開いていく。胸骨が硬いのでノコギリを使用する。

5 恥骨が見えるまで、ナイフでモモ肉を開いて股を割っていく。

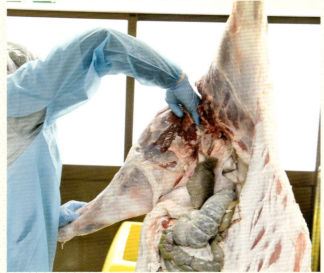

6 肛門含めた直腸部分を、骨盤の中を通して下に落としていく。ジビエは個体によってサイズもさまざまなので、場合（特にオス）によっては骨盤を開いて通す必要がある。状況に応じて対応すること。胸骨を開いて内臓を潰さないように落としていく。

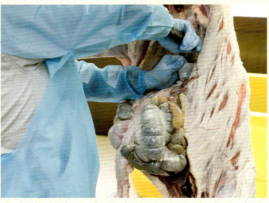

7 重みで落ちてくる内臓群だが、内側の膜を剥がしながら徐々に下に落としていく。

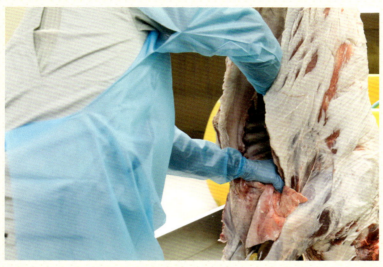

8 横隔膜（いわゆるハラミ）も内臓の一部。内臓群と一緒に横隔膜も剝がして落としていく。

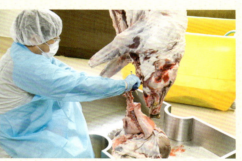

9 内臓を落としきり、顎を開いて結さつしている食道ごと肉から引き剝がす。

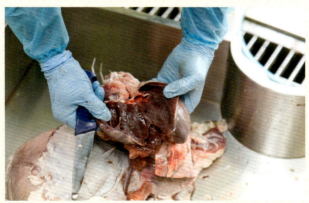

10 シカと同様、内臓全体に異常がないか確認する。部分切除、病変部の切開は汚染防止のため行わない。ただし、心臓のみ切開をし、心臓の筋肉や弁膜を観察。弁膜にイボがあったり心臓の筋肉に異常が見られたものは内臓・肉ともに廃棄する。

肉の状態も確認する

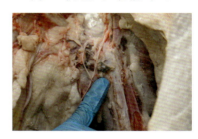

内臓を摘出したのちに、脚部のリンパ節に異常がないか観察する。モモ肉で覆われている部分であるため、暗い場合は照明を当てて確認すること。筋肉が出血していればその部位は削りとる。また、肉全体を観察し、毛などの付着物がないかも確認。付着物があった場合は洗い流さずにトリミングすること。

第2章 解体編 猪／剝皮

89

穴熊をさばく

ジビエとしても隠れた人気食材！
良質な脂身を持つアナグマを解体してみましょう。

穴熊肉の部位

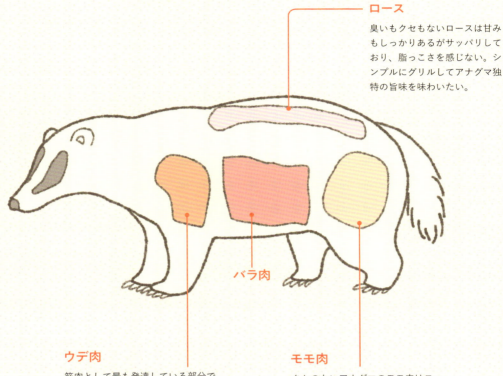

ロース
臭いもクセもないロースは甘みもしっかりあるがサッパリしており、脂っこさを感じない。シンプルにグリルしてアナグマ独特の旨味を味わいたい。

バラ肉

ウデ肉
筋肉として最も発達している部分で、スジも多く歯ごたえのある部位だ。薄切りにして焼いて食べることも可能だが、ミンチにしてハンバーグなどにして食べるのがおすすめ。

モモ肉
クセのないアナグマのモモ肉はロースに比べ脂身の量は多くないが、どんな調理法でも楽しめる部位と言える。すき焼きや煮込み料理などでじっくり火入れしていただきたい。

第2章 解体編 穴熊をさばく

隠れたジビエの人気食材
脂身が豊富で甘みが魅力

　名前に「熊」が付いていますが、実際はイタチ科に属するアナグマ。ずんぐりした体つきで一見するとタヌキやアライグマのようにも見えます。日本では北海道を除いたほぼ全国で生息しており、雑食性で、昆虫や小動物、果実などをエサとしているため、トウモロコシやスイカ、落花生などの農作物被害も拡大しています。

　ジビエとしてはシカとイノシシがメジャーな存在です。アナグマは食材としての知名度が低いためか、大半が廃棄されているのが現状ですが、実はとても魅力的なジビエです。イタチ科と聞くとスリムなイメージがありますが、そのずんぐりした体型により脂身が豊富。肉質はやや硬いと感じるかもしれませんが、甘みのある味が特徴。臭みもなくクセがない良質な食材なのです。

解体編───穴熊をさばく

洗浄・剥皮の準備

アナグマの解体も、基本はシカやイノシシと手順は変わりません。
きちんと個体を洗浄して、消化管を結さつするところから始まります。

体が小さく可食部も少ない
脂を残して慎重に剥皮する

　アナグマの解体は、イノシシの解体を経験していれば何ら難しく感じることはないでしょう。個体のサイズも小さいので、簡単に感じるかもしれません。もちろん、小さいからこそ繊細なナイフさばきを求められる場面もありますが、慎重に手を動かしていけば問題ありません。

　アナグマの魅力は91ページでも触れているとおり、脂身の多さにあります。シカやイノシシに比べれば、そもそも可食部が少ないですから、剥皮段階で脂身を一緒に剥がないように注意しましょう。注意する点はイノシシと同じです。今回はオスの個体での解体方法を紹介します。

体表を洗浄する

1 アナグマはその名のとおり穴を掘って暮らしているため、手足は十分に洗浄する。毛も硬く、イノシシ同様ダニが付着している可能性が高いので、必要であればブラシなどで洗浄する。

食道を結さつする

1 シカやイノシシと同様、まずは食道を結さつする。両腕の中心部分から喉下までにナイフを入れていく。ナイフを入れすぎて食道を傷つけないように注意。

2 手で食道を引き出して、結束バンドで2カ所、結さつする。個体が小さいとしても、念のために結束バンドは2本使うこと。

肛門を結さつする

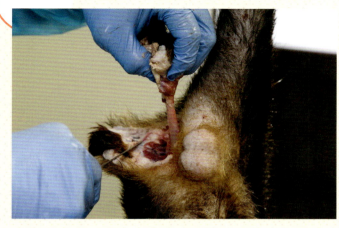

1 尾の下部、睾丸の上部にある肛門周辺をナイフで丸く切り、肛門を指でつまんで直腸を引き出す。

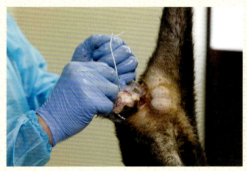

2 肛門からナイロン袋を被せて直腸まで包んだら、2カ所、結さつする。ここまではシカ・イノシシと同じ。

剝皮する❶

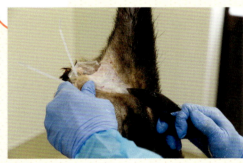

1 睾丸を避けるようにして、肛門の切り込みからガットナイフで股部分の皮を切り開いていく。睾丸を避けきったら体の中心に沿って、食道を結さつした際に切り開いた腕の中心までナイフを進める。

第2章 解体編 穴熊／洗浄・剝皮の準備

93

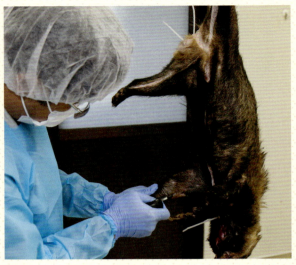

2 後ろ脚の内側に、中心の切れ込みから足首に向かってスキナーナイフのガットナイフ側を入れる。反対側も同様に行う。前脚も同様に、中心から手首までをまっすぐ切っていく。足首、手首とともに一周切り込みを入れておく。

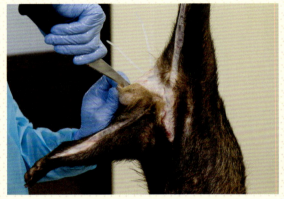
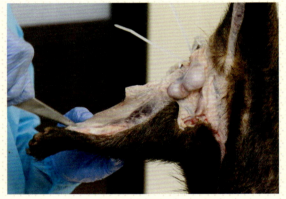

3 睾丸の後ろから回り込むようにして皮だけを切って、2で入れた切り込みとつなげてそのまま剥皮を進める。

4 剥皮はイノシシと同様。肉側に脂を残すように、皮だけを剥いでいく。脚の外側まで剥皮できたら、反対側から同じように剥皮していく。

後ろ脚を落とす

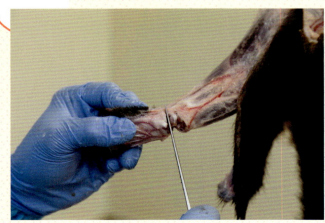

1 脚部はある程度まで剥皮できたら、足首部分を手で伸ばして軟骨部分にナイフを入れて切り落としてしまう。この際、切り落とした側の脚を懸吊できるように、スネの間に穴を開けておく。

剥皮する❷

1 足首から先を切り落としたほうの脚で懸吊しなおし、そのままモモ部分までを剥皮していく。小さい個体ではあるが、懸吊して作業したほうが、肉に毛などが付着せず衛生的に作業することができる。

2 背中側の剥皮を進めながら、もう一方の後ろ脚も外側、内側と剥皮していく。モモから腰にかけて脂肪が多くついているので、皮と一緒に剥がないように注意する。

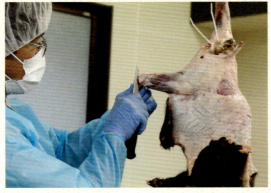

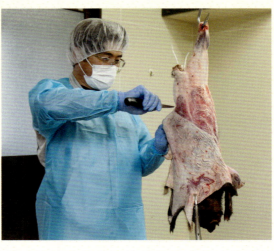

3 腰の部分でちょうどスカートがめくれたような状態まで剥皮できたら、残っていた足首から先も切り落としてしまう。腰から先の剥皮を進めていく。

第2章 解体編 穴熊／洗浄・剥皮の準備

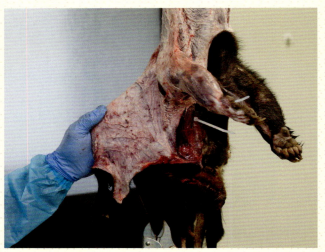

5 肩あたりまで剝皮ができたら、ウデに入れた切り込みから外側、内側と交互に剝皮をしていく。ウデ周辺を剝ぐとき、一緒に肉を剝がないように注意。皮だけを切っていく。

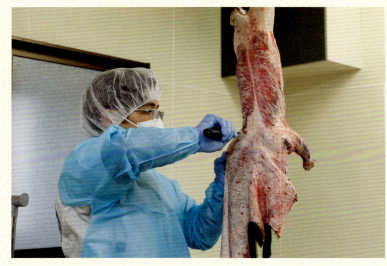

5 背中側の皮も首あたりまで剝いでいく。首にも脂肪が多いので、皮だけを切るように。後ろから見るとちょうどマントがひるがえったような状態になる。

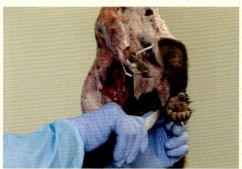

6 もう一方のウデも同じように内側、外側と交互に剝いでいく。

7 首から後頭部にかけて剥皮を進めていく。顎側も、食道を結さつした際の切り込みから外側に向かって剥皮していき、後頭部と首との付け根部分に背中側からナイフを入れて、骨のつなぎ目を見つける。

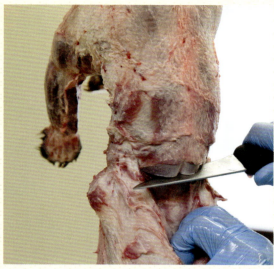

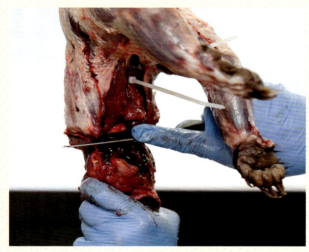

8 剥皮の過程で頭は切り落としてしまう。顎側からも骨のつなぎ目に向けてナイフを入れていく。ある程度切り進んだら、首を曲げてつなぎ目を露出させる。

9 首をしっかり持って、骨のつなぎ目にナイフを入れて首を切り落としてしまう。

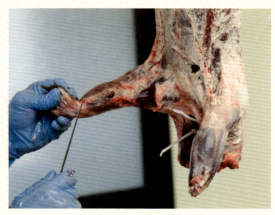

10 残っていた前脚の足首も切り落とす。反対側も同様に行う。

第 **2** 章 解体編 | 穴熊／洗浄・剥皮の準備

97

解体編 → 穴熊をさばく

内臓の摘出・解体

剥皮を終えたアナグマの内臓を摘出し、肉の切り分けを進めます。
可食部は少ないので、解体は難しくありません。

**衛生的に内臓を摘出し
シンプルに半身に切り分ける**

　アナグマの内臓を摘出し、肉を切り分けます。内臓は基本的に食用としては利用しません。肉を汚染しないように消化管を傷つけずに摘出したら、心臓などの状態を確認するだけです。

　シカやイノシシに比べ個体も小さいので、肉の切り分けもそこまで作業時間を必要としません。懸吊した状態でシンプルに半身に切り分けていきます。ここでは切り分けるまでを紹介しますが、食用として使う場合は、モモ肉、ウデ肉、ロースと切り分けます。

内臓部分を剥がす

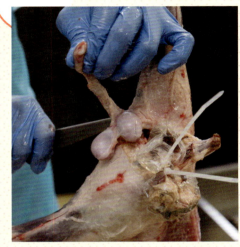

1 尾を睾丸につないだ状態で体から切り離しておく。内臓を摘出する際、一緒に尾も引き出す。

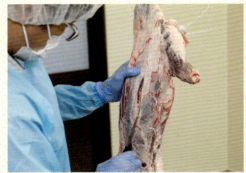

2 股の中央から真っすぐ下に腹部を切り裂いていく。内臓を傷つけないように、指で開きながら腹部の肉だけを切っていく。

3 胸骨とともに胸の肉を切り開いていく。そのまま食道を結さつしたところまで切り進み、食道を傷つけないよう指で避けながら股から顎までを一直線につなげる。

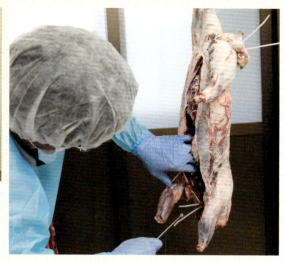

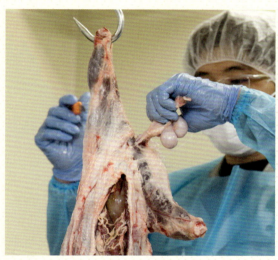

4 尾と睾丸をつまみ、直腸ごと骨盤の中をくぐらせて内臓側にとおす。合わせて、内臓側から直腸と睾丸を手で引き出す。

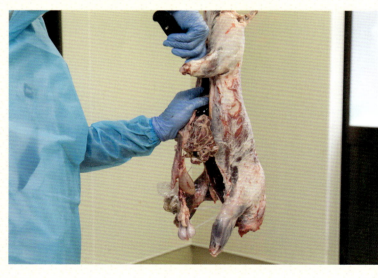

5 内側の膜にナイフを入れながら、膜とともに内臓を引き剝がしていく。写真は睾丸、肛門、膀胱が一番下にぶら下がっている状態。

第2章 解体編｜穴熊／内臓の摘出・解体

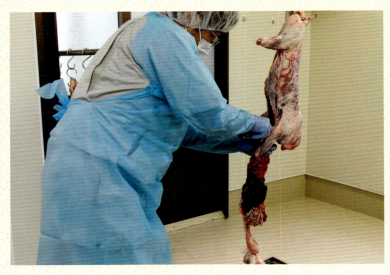

6
肺までを引き剥がし食道の裏側にナイフを回し、内臓全体を引き剥がしていく。これで食道から肛門まで、消化管がつながった状態のまま肉を汚染せずに内臓を摘出できた。

状態を確認する

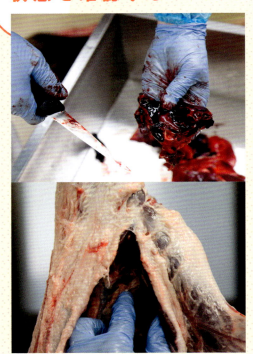

1 シカ、イノシシと同じように、心臓を切り開き異常がないか確認する。同じくリンパ節の状態を確認し、異常が見られるようであれば部分的にトリミングするか全廃棄する。

内臓摘出の完了

解体する

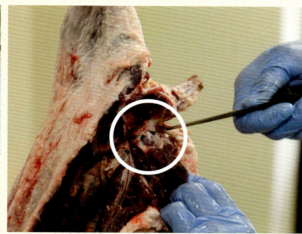

1 懸吊されていないほうの尾てい骨（尾）の横から股関節に向かって股を切り開いていく。股関節を見つけたら外して、背骨に向かって切り下ろしていく。

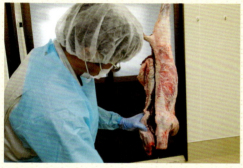
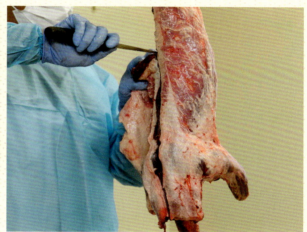

2 背中側の背骨に沿って中心を首下まで切り落としていく。

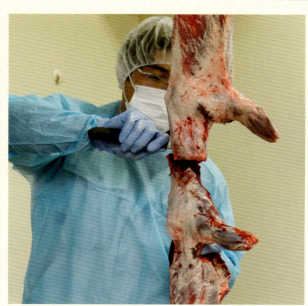
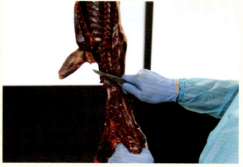

3 背中側に続き、頸椎に沿って首までを切り落として、半身を切り離す。残った懸吊されている側も同様に、背骨に沿って切っていき、背骨を引き剥がす。

第2章 解体編｜穴熊／内臓の摘出・解体

解体編 ──→ 食肉利活用だけで終わらせない

獣皮の活用

獣害対策で得た生き物を食すだけでなく、処分してしまう皮までを生かす手段を紹介します。

鹿皮　　猪皮

皮革には長い歴史があり、大昔から衣服や住居、さまざまな道具に活用され、人間の生活に取り入れられてきました。現在、みなさんが手に取るレザーアイテムに使われている牛や馬の原料皮は、主に家畜によって生産された皮です。反面、狩猟によって得た動物の皮は傷が多いことや、個体差にばらつきがあることから流通が発展しなかったことにより、そのほとんどが廃棄されているという事実があります。ここではそんな獣皮の生産工程を知ることで、いただいた命を最後まで活かすことについて考えてみましょう。

（ 獣皮を革にするための準備 ）

シカの剥皮方法を例に原料皮の準備方法を紹介します。剥皮処理は、品質を左右する重要な工程で、余分な肉や脂が残っているとなめし作業ができず、腐敗や色ムラの原因になります。

1：皮を剥ぐ

首筋で頭部を切除する。脚部は腿あたりで切除し、脚部が筒状にならないように切り開く。尻尾は切り落とす際に、股部を開き、緩やかな曲線状にカット。このとき鋭角に切れ目が入ると、なめし途中で背筋にかけて縦に割けてしまう。

2：脂、肉、皮膜を除去する

傷をつけないように皮と肉の間に刃を入れ、反対の手で皮を引きながら残った肉と大きな塊となっている皮膜を全て削いでいく。特に首元は肉が残りやすいので、しっかり取り除くようにする。原皮はよく洗い、ノミ、ダニ、ウジなどを完全に除去する。

3：なめし前に保管する（塩蔵保管）

原皮よりも大きなパレットの上に毛皮面を下にして、原皮を広げる。肉面に原皮重量の半分ほどの原塩を擦り込むように全面にまぶす。2枚目以降は上に重ねていき、同じ工程を繰り返す。冷蔵環境がない場合は、風通しが良く直射日光のあたらない場所で保管。約1か月以内を目処になめしに出す。塩蔵保管は常温保管が可能で、原皮の余分な水分を溶かし出し、腐敗を遅らせることができる。

（ 皮を革へと加工する ）

腐りやすく、乾燥すると硬くなりやすい皮を加工し、革素材へと仕上げます。
各工程には専門の職人によって受け継がれてきた技術が光ります。

❶ 脱毛などの前処理をする

塩を洗い流し、繊維をほぐして脱毛しやすくするための石灰漬けや、残った肉や脂を取るなど、さまざまな前処理を行う。

❷ なめし加工をする

なめし（鞣し）とは、腐敗しやすく、乾燥すると硬くなる皮を柔軟性のある革の状態にすること。ドラムやピットなどを使い、専用のなめし剤に革を漬け込むことで皮が変化する。

❸ 革漉き、染色などの仕上げ加工をする

革を伸ばし、厚みを均等にする作業を革漉きという。気温や湿度によって微調整が必要な工程である。革漉きが終わった革は染色、表面加工が施され、風合いを出して完成となる。

獣革の特徴

鹿皮の毛や表皮繊維は柔らかく、柔軟性のあるソフトな風合いが特徴。個体が大きくなればなるほど繊維のシボ立ちも大きくなる。

硬くて太い毛を持ち、その毛を支える表面繊維も強靭で表皮は硬い。豚革にも似た独特の深いシボ立ちのある革となるのが特徴。

第2章 解体編　獣皮の活用

（ 獣皮を獣革にする取り組み ）

獣害対策後の皮をエコな方法で産地に還元する

地方自治体による獣害対策や獣肉流通に注目が集まる一方、皮は狩猟者によって前処理法がバラバラで品質維持が難しく、不安定な供給状態も相まって販路の開拓が難しいものでした。そこで注目を集めているのが、2008年に始動した「MATAGIプロジェクト」という獣皮活用支援事業です。一般流通が難しいシカやイノシシの獣皮を有効な資源として活用し、産地の独自ブランドにするという方法を取り、獣皮活用を目指す自治体や民間企業などへの前処理講習や、獣皮のブランド化に向けたサポートを行っています。

また、ここで行っているなめし支援では、なめし剤にクロムやミョウバンは使用せず、ミモザアカシアの樹皮を精錬し、天然の植物タンニンを抽出して作られたなめし剤を使う、ラセッテーなめし製法®を採用。革を扱う作り手、そして消費者のためにもやさしくあることをモットーに仕上げられた革を、産地へ戻し産業へと繋げるというサイクルを組んでいます。獣害対策とはいえ、頂いた命を最後の皮まで活かすということは、ジビエという分野にも繋がる大切な試みではないでしょうか。2008年に開始した支援の数は、現在では全国280以上の地方自治体や団体に広がっています。

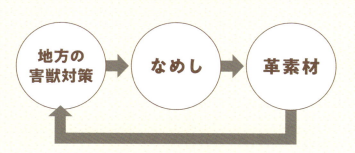

取材協力
一般社団法人やさしい革
http://yasashii-kawa.org

103

第 **3** 章

調理編

ジビエを美味しく安全にいただくために、
個体それぞれの特徴や部位の違いに応じた、正しい調理法を学んでおきましょう。
フレンチのシェフによる本格的なジビエ料理のレシピも紹介します。

調理編

ジビエの奥深さ

天然の野生鳥獣であるジビエは、食材としてはもちろんのこと、
さまざまなありがたみを私たちに与えてくれています。

ヨーロッパで育まれたジビエ文化

　ジビエとはフランス語で「狩猟して捕獲した野生鳥獣」を意味します。ヨーロッパでは古くから、貴族が広大な領地で狩猟を楽しみ、捕獲した鳥獣をお抱えの料理人に調理させて味わっていました。特にシカやイノシシなどの大型動物は特権階級の獲物で、庶民は小型動物や鳥類を捕獲していました。

　ヨーロッパでは、今でも秋から冬にかけてジビエを楽しむのが一般的です。市場や肉屋には当たり前のようにウサギやイノシシ、カモなどのジビエ食材が並んでいるため、肉食文化の歴史の浅い日本と比べ多くの一般家庭でジビエが楽しまれています。

　日本では江戸時代の肉食禁止令や仏教文化の影響で、明治維新以前は公然と肉食がされることはありませんでした。一部、北海道や東北、関東甲信越地方にはマタギ文化があり、クマやイノシシを捕獲し食用としてきた歴史もあります。肉食文化の歴史が浅く短いといわれる日本では、野生鳥獣やその副産物など山の恵みを各地で享受してきた歴史はあるものの、一般家庭で当たり前のようにジビエを楽しむほどではないのが現状です。

　ジビエの魅力のひとつに「味の個性」が挙げられます。家畜は決められたエサを食べ、出荷されるまでの飼育日数も決まっています。また、飼育しやすく肉がたくさんとれる血統を選んで育てているので、肉質は比較的均一です。一方、野生鳥獣は生息する地域の違いや食べてきたエサの違い、平地で暮らしているか山野で暮らしているかなど、環境によって肉質も変わりますし、捕獲時の年齢や性別、季節によっても大きく異なります。

　それぞれの個性に応じて、調理の方法や加熱加減、味付けから付け合わせやソースまで、その食材が最も美味しく活かせる方法を見極めて調理するのも醍醐味です。

猪肉のミンチを自家製のソーセージで楽しむ。ソーセージにすれば、ボイルやBBQなどさまざまな食べ方を楽しむことも可能だ（→P152）。

家庭料理としてはなかなか馴染まないジビエも、スペアリブや塊肉などBBQで特別感を演出することで親しみやすくなり、受け入れられるかもしれない。

ジビエ肉の特徴と期待される健康効果

　野生鳥獣は俊敏に野山を駆け回り鍛え上げられているため、その肉は総じて筋肉質です。エサが獲れなかったり人間に捕獲されたり怪我をしたりと、命の危険にさらされている彼らは緊張感にあふれた肉体を持っています。イノシシは冬になれば背中にたっぷりと分厚い脂肪がつきますが、シカの脂肪はそこまでではなく、真っ赤な赤身が特徴です。野生の鳥類もまた、筋肉が発達しています。筋肉質で脂肪の少ない肉は調理が難しく、家畜のように赤身の中に脂が含まれていないので、硬くなりやすいのです。そのため、美味しく加熱調理するにはコツが必要です。

　また、野生鳥獣は運動量が多いため、高タンパクで低カロリーなことも特徴として挙げられます。鹿肉も猪肉も鉄分が豊富で、特に鹿肉は100gで1日に必要な鉄分を30%も得られます。ビタミンB2やB12、亜鉛などのミネラル成分も豊富なので、筋肉の維持が重要なアスリートだけでなく、育ち盛りの子どもやタンパク質不足になりやすい高齢者、美容と健康を維持したい女性にもおすすめです。

食べ物のありがたみを改めて感じることのできるジビエ

　ジビエ料理と言えば、野趣あふれるイメージを抱く方が多いと思います。自然の中でたくましく生きる野生鳥獣たちを食べ物としていただくことは、食べ物というよりも生き物の命をいただくイメージが強くあり、抵抗感を持たれる方もいると思います。

　しかし、日常的に食している魚や牛、豚、鶏なども同じ生き物です。コンビニやスーパーで食材として並んでおり、それらをあまりに日常的に消費しているため、私たちは命をいただいているという感覚が薄れているのかもしれません。ジビエをいただくことは、私たちの食生活や健康は、いかに命をいただくことで成り立っているのかを再認識することなのかもしれません。

　また、野生鳥獣被害で多くの農村が苦しんでいる現状もあります。ジビエのありがたみ、ジビエ料理の魅力が多くの人に広まり、一般家庭でも当たり前のように親しまれることで需要が高まれば、野生鳥獣を流通させるための好循環が生まれることになります。増え続ける野生鳥獣の問題解決のためにも、ジビエの魅力が広まることは今の日本では急務なのです。

鹿肉をカレーで楽しむなど、一般家庭で馴染みのある料理で活かしていくことこそ、ジビエを普及させるカギとなる。

第3章　調理編　ジビエの奥深さ

調理編

ジビエ肉のことを知ろう

解体したジビエ肉を調理する前に、
ジビエ肉の特徴や扱い方について学んでおきましょう。

時期や捕獲方法で変わるジビエ肉

　日本のジビエはシカ、イノシシが大半ですが、狩猟の対象となっている野生鳥獣は全てジビエ肉と定義されます。それにはクマ、ウサギが含まれるほか、多くの野鳥も同様です。管理された牛、豚、鶏などと違い、捕獲して食肉にする必要があるため、味を均一化するのも難しいものです。そのため、何かの機会で食したことのある人のジビエ肉の印象も、おそらくさまざまでしょう。獲れた時期によって肉の質も違えば、捕獲や解体の方法によっても味が大きく変わるのですから。

　入手したジビエ肉の状態がどのような場合でも、安全に、かつ美味しく調理する方法を学んでおけば、希少な食材を無駄なく美味しくいただくことは可能です。まず、正しい調理法を学ぶ前に、ジビエ肉について学んでおきましょう。

ジビエ肉は臭い？

多くの人がジビエ肉は臭いという印象を持っているかもしれません。本来そのようなことはありませんが、捕獲方法や解体の手順によっては臭く、硬くなることがあります。しかし、人によっては畜産の肉よりもジビエ肉のほうこそ美味しく感じる人もいます。敏感な人にはそれぞれが食べてきたエサの違いがわかるようです。

ジビエ肉の美味しい季節は？

多くの野生鳥獣は冬に備えて栄養や脂肪分を蓄えます。そのため、多くの栄養を蓄え脂も乗り切った秋〜冬こそが旬といわれています。猪肉のロースを使った牡丹鍋の旬も冬とされていますね。一方、脂身を嫌い、春〜初夏にかけてのあっさりとした味わいが好みという人もいます。基本の調理方法を覚えて、そのときどきに適した料理を楽しむのがよいでしょう。ちなみに、鹿肉は夏に脂が乗ります。

鮮度や保存について

牛肉や豚肉と考え方は変わりません。ジビエ肉の場合、いずれにしてもしっかりとした加熱条件（P118）をクリアすることが大切です。真っ赤に見える肉は美味しそうに見えますが、空気に触れて酸化している状態です。鹿肉をはじめジビエ肉は鉄分が多いため、酸化しやすいので早めに食べましょう。

一番美味しい部位は？

味や肉質は部位によって変わるため、好みは人それぞれです。ロースやモモは柔らかく、スネやネックはスジがあって固い特徴があります。どれが一番ということはありません。各部位に応じて適した料理を楽しむことが大切です。

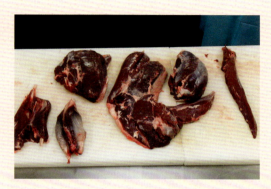

ジビエ肉を購入するには

ジビエ肉は食肉販売の認可を受けたお店や食肉処理施設・インターネットで購入できます。このほか、地域によってはスーパーや道の駅でも入手可能です。安全を担保するためには、きちんと品質管理を行っている販売業者かどうかを見極める必要があります。

第3章 調理編　ジビエ肉のことを知ろう

安心・安全を守る認証制度の導入

平成30年5月に「国産ジビエ認証制度」が制定されました。チェック項目に基づいて、衛生的に処理することのできる処理施設を認証し、その施設から出荷される肉には認証マークが付けられます。

認証審査のチェック項目（一例）

- ☐ 捕獲時の記録をし、その記録を適切な期間保存しているか？
- ☐ 個体に異常が発見された場合、適切に廃棄されているか？
- ☐ 出荷製品および施設、器具等の細菌検査を実施しているか？
- ☐ 銃弾の残存について、金属探知機にテストピースを流した上で確認しているか？
- ☐ 外食、小売りに流通させる際、カットチャートの通りにカットすることが可能か？

国産ジビエ認証

調理編

栄養価から見たジビエ肉

優れた栄養効率を持つジビエは、畜産物である豚肉や鶏肉に比べてヘルシーなのが特徴です。

育った環境が違えば味も肉質も違う

　よく「ジビエの肉は普通の肉と違った味がする」といった言葉を耳にします。

　おそらくは、ジビエに代表されるシカやイノシシから得られる肉は筋肉質で、普段スーパーなどに出回っているものよりも高タンパク・低脂質な傾向にあることで、畜産物とは違った肉質をしていることが大きな理由と考えられます。

　通常、家畜である豚や鶏には運動を行う環境がないので、筋肉に脂肪が入り込みやすくなります。対して山中に生息するシカやイノシシは、野生であるが故に運動量が多く、筋肉が発達しているお陰で脂肪が少ない傾向にあります。さらに、多くの方が「肉の味が違う」という感想を抱かれる理由にはもう一つの理由があります。それはエサの違いです。

　産業である畜産の目的は食料の安定供給にあるため、飼育されている家畜には栄養価の高い飼料が与えられます。それにより非常に速いスピードでの生育を実現して私達の食卓に届けられるのです。一方、野生のシカやイノシシなどは生きるために必要最低限の栄養を確保しているのみで、食肉に適した年齢まで成熟するには非常に長い時間がかかります。そういった大自然で育まれた個体であるが故に「味が違う」のです。

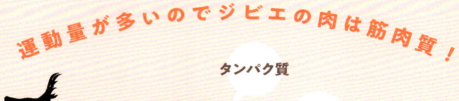

運動量が多いのでジビエの肉は筋肉質！

タンパク質

鉄分

農場で育てられた家畜に比べ、広大な土地で育ったシカやイノシシが持つ運動能力は非常に高く、身も引き締まったものになります。

こんな方にオススメです

(体脂肪が気になる)

ジビエに含まれる栄養素の中にはビタミンB2など新陳代謝を促進する栄養素が多く含まれているので、生活習慣病の対策効果を期待できます。

(美容と健康を保ちたい)

豚と同一視されることの多いイノシシには、脂質の代わりに美容効果の高いコラーゲンが多く含まれています。

(元気を出したい高齢者に)

ジビエは栄養効率が非常に高いので、あまり多量の食事を摂ることのできない高齢者であっても十分な量の栄養素を得ることが可能です。

(体力UPを目指す人に)

運動を行う前後には栄養を補給する必要があります。その際には高い栄養価を持つジビエが適しています。

豊富な栄養素

ビタミンB2

ジビエには豚や鶏の肉を大きく上回る量のビタミンB2が含まれています。ビタミンB2は代謝を促進する作用を持ち、人体に蓄えられた脂肪をエネルギーとして消費するために必要不可欠な栄養素です。

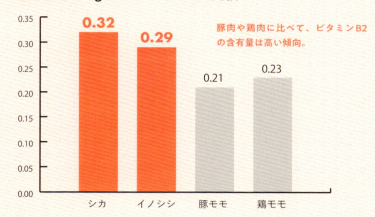

■可食部100gあたりのビタミンB2比較

豚肉や鶏肉に比べて、ビタミンB2の含有量は高い傾向。

ビタミンB12

ジビエに含まれるビタミンB12の量は豚や鶏に含まれるものと比べて多く、非常に栄養摂取効率が高いです。ビタミンB12には神経伝達を助ける作用があり、それを利用した認知症予防の研究が進められています。

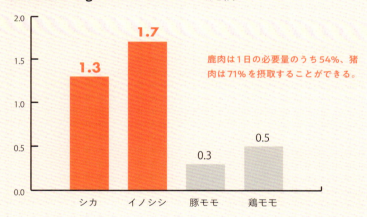

■可食部100gあたりのビタミンB12比較

鹿肉は1日の必要量のうち54%、猪肉は71%を摂取することができる。

亜鉛

ジビエに含まれる亜鉛の量は豚や鶏に含まれている量を大きく上回ります。亜鉛には人体を構成する細胞活動を手助けするヘルパーのような役割があり、その用途は多岐に渡ります。

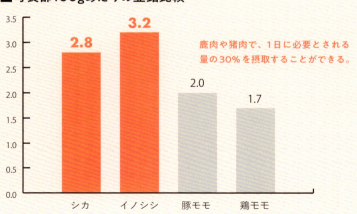

■可食部100gあたりの亜鉛比較

鹿肉や猪肉で、1日に必要とされる量の30%を摂取することができる。

第3章 調理編 栄養価から見たジビエ肉

調理編

家畜とジビエの違い

生産管理された牛肉や豚肉・鶏肉と野生のジビエ肉。
それぞれどういった違いがあるのか見てみましょう。

家畜とジビエの生育環境

　当たり前のことですが、家畜は飼育されており、安定的にエサを与えることができます。そのため、出荷する肉（商品）の数を安定させるだけでなく、健康管理も容易にできます。一方、シカやイノシシは自然界で過ごすため、出荷数はもちろん管理することができませんし、捕獲する個体の健康管理もままなりません。ジビエ肉にも需要に応じた捕獲数と出荷数のバランス、価格には改善の余地はありますが、もっとも大切なことは食中毒のリスクをいかに下げられるかにあります。

市場のニーズに合わせて生産管理されているからこそ、畜産はビジネスとして成立しているともいえる。

野生のシカやイノシシは増え、鳥獣被害も拡大しているとはいえ、畜産のように安定して安全に出荷できるものではない。

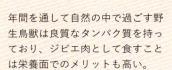

年間を通して自然の中で過ごす野生鳥獣は良質なタンパク質を持っており、ジビエ肉として食すことは栄養面でのメリットも高い。

家畜とジビエ、リスクの違い

家畜もジビエも同じ動物です。そのため、病原体への感染リスクの項目は大きく変わりません。
そのリスクに差を生んでいるのは、出荷する際の仕組みにあります。

家畜 リスク小

- サルモネラ
- 腸管出血性大腸菌
- カンピロバクター
- 寄生虫
- E型肝炎ウイルス など

ジビエ リスク大

■ イノシシ及びシカの病原体保有状況調査の結果

① 細菌	イノシシ及びシカ計295検体の糞便を検査したところ、さるもねらはイノシシ・シカでそれぞれ1例陽性となった。赤痢菌、カンピロバクターについては検出されなかった。
	VT遺伝子陽性の病原性大腸菌が10例検出された。
	イノシシ52頭の12頭、シカ61頭の2頭の腎臓からレプトスピラ遺伝子が検出された。
② 寄生虫	糞便からの寄生虫卵の検出率は全国で50%。鞭虫卵、回虫卵、鉤虫卵などが見られた。
	病理検索でも寄生虫感染に起因する病変が多く見られた。全身の筋肉内から住肉胞子虫、肺気管支内から線虫、肝臓から肝蛭を検出。寄生虫体が認められない場合も、寄生虫感染が疑われる好酸球浸潤を伴う炎症性病変が認められた。
③ E型肝炎ウイルス (ELISAによる抗体保有調査及び遺伝子検出)	イノシシについては、184頭中47頭が抗体陽性、112頭中5頭から遺伝子が検出された。検出された遺伝子は、2011年のヒトの患者から検出された遺伝子と非常に似ていた。
	イノシシについては、274頭中45頭で抗体陽性となり、277頭中6頭から遺伝子が検出された。
	シカについては、201頭中1頭から遺伝子が検出された。
	イノシシ及びシカから検出された遺伝子はいずれもヒトの患者から検出された遺伝子に類似していた。

調理編

衛生管理のポイント

野生鳥獣肉を安全に調理し、食すために、
食中毒のリスクについて学んでおきましょう。

食中毒を起こすと大変なことになる

　自然の中でエサを獲得する野生鳥獣を食肉として流通させる点で、もっとも注意しなければならないのは食中毒を起こさないことです。残念ながら、近年でも飲食店において熊肉を提供し、人獣共通感染症に罹った患者を出し、そのお店は営業禁止処分になった事例もあり、過去には死亡事例もあります。寄生虫を宿したサワガニを食べたイノシシを加熱不足な状態で生食して人間に感染することもあります。捕獲段階でなかなか判別できない要素ですから、調理の時点でしっかりと加熱することが大切なのです。

病原体に感染すると？

【サルモネラ】
・発熱、腹痛、下痢、嘔吐など
・過去に死亡事故例もある

【腸管出血性大腸菌】
・下痢、血便、腎不全、脳障害
・少量で感症し、重症の場合、死に至ることもある

【寄生虫】
・発熱、下痢、筋肉痛、全身浮腫、脳炎、肺炎、心不全など
・小腸粘膜から筋肉へ移行
・重症の場合、死に至ることもある

【E型肝炎ウイルス】
・発熱、吐き気、黄疸、肝腫大など、妊婦では重症化しやすい
・潜伏期間約6週間と長い
・食品中では増殖しない

飲食店（食肉加工施設）での衛生管理

**過去には死亡事例も
衛生管理は徹底的に**

　先に述べたように、ハンターから持ち込まれた熊肉を提供した飲食店ではトリヒナという寄生虫の感染症を出してしまい、その飲食店は営業禁止処分になってしまいました。過去にはイノシシの肝臓を生食してE型肝炎にかかった患者の死亡事例もあります。狩猟の現場では、新鮮だからと自己責任で生食をしている場面は昔ながらのものかもしれませんが、大変危険な行為です。飲食店で提供する際にはもちろん禁止されていますが、自家消費の場合でも下記に紹介する4つのポイントを徹底的に遵守することが大切です。

❶ 食肉処理業の許可を受けた施設から仕入れる

❷ 仕入れ時に肉の状態（異物、獣毛異常など）を確認

❸ 使用した器具（まな板、包丁など）の消毒、解体・調理で使う刃物などは、83℃以上の湯温または200ppm以上の次亜塩素酸ナトリウムで消毒する

❹ 十分な加熱で食中毒菌、E型肝炎ウイルス、寄生虫を殺す

調理編

安全に食べるためのガイドライン

狩猟するときから消費（食べる）するときまで、
安全に食べるための厚生労働省のガイドラインを見てみましょう。

狩猟

- 狩猟しようとする野生鳥獣に関する異常の確認
  （家畜の生体検査に相当）
- 食用とすることが可能な狩猟方法
- 内臓の異常の有無の確認
- 狩猟者の体調管理及び野生鳥獣由来の感染症対策

ポイント
狩猟しようとする野生鳥獣の異常の確認など

運搬

- 具体的な運搬方法
- 狩猟者と食肉処理業者の連絡体制
- 狩猟個体の相互汚染防止
- 食肉処理業者に伝達すべき記録の内容

野生鳥獣肉の衛生管理に関する指針

処理施設における ガイドラインの遵守状況

厚生労働省が全国569施設を調査した結果、ガイドラインに沿った処理を行う施設も増えてはきましたが、まだまだ実施率の低い項目があることがわかりました。正しい方法を普及させること、設備を整えることが大切です。

実施率の高い項目	実施率の低い項目
飲用適の水を用いた食肉処理 ▶ 100%	金属探知機の実施 ▶ 35.9%
捕獲動物の疾病確認。排除 ▶ 99.3%	定期的な細菌検査の実施 ▶ 36.9%
処理後の速やかな食肉冷蔵 ▶ 97.5%	疾病・異常排除の記録 ▶ 48.2%

※平成29年度調査結果。処理施設に対して、都道府県などが毎年監視指導を実施しています。

第3章 調理編 安全に食べるためのガイドライン

処理

- 狩猟者における衛生管理についての確認
- 食肉処理業の施設設備など
- 食肉処理業者が、解体前に当該野生鳥獣の異常の有無を確認する方法（家畜の解体前検査に相当）
- 食肉処理業者が解体後に野生鳥獣の異常の有無を確認する方法（家畜の解体後検査に相当）
- 工程毎の衛生管理

ポイント
食肉処理業の営業許可が必要。解体前と解体後の異常有無確認など

加工・調理・販売

- 仕入れ先
- 記録の保存
- 十分な加熱調理
- 使用器具の殺菌
- 野生鳥獣である旨の情報提供

消費

- 十分な加熱調理
- 使用器具の殺菌

117

調理編

美味しく安全な加熱条件

ジビエ肉をいただく上でもっとも大切なのは「きちんと加熱すること」に尽きます。
調理の基本以前の前提について解説します。

安全性を保ちつつ美味しく仕上げるコツ

ジビエ肉は赤身が多くて脂肪が少ないのは何度も述べているとおり。また、パサつきやすく硬くなりやすい特性もあるため、加熱のし過ぎは禁物です。しかし、加熱不十分では食中毒などさまざまなリスクが高まります。中心までしっかりと加熱することが大切です。

安全性を保ちつつ美味しく調理するにはコツがいるのです。それは、決して強火で加熱しないこと。弱火でじっくりと加熱することで、タンパク質が急激に凝固することを防ぎ、しっとり柔らかく肉汁を保った仕上がりにできます。

衛生管理のガイドラインに沿う

「野生鳥獣肉の衛生管理に関する指針（ガイドライン）」によると、中心温度は75℃1分間以上、またはそれと同等以上に加熱することが条件となっています。もちろん生食用としては提供できません。

ウイルスの死滅条件を満たす

厚生労働省による「食肉を介するE型肝炎ウイルスの死滅条件」には中心温度63℃30分間以上、またはそれと同等以上に加熱することが条件となっています。ジビエ肉には寄生虫などさまざまリスクがあるので、ルールに則った加熱は必須です。

中心温度75℃ 1分間以上の加熱

E型肝炎ウイルスに限らず、ジビエに関するすべてのリスク因子を死滅させるためには、中心温度が75℃に達してから、1分以上の加熱が必要です。また、調理の際に使用するまな板などの器具は、処理終了ごとに洗浄、83℃以上の湯温などで殺菌することとされています。

中心温度75℃1分間と同等の加熱温度と加熱時間

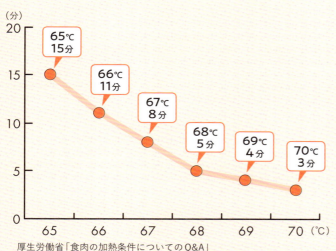

厚生労働省「食肉の加熱条件についてのQ&A」
https://www.mhlw.go.jp/content/11130500/000365043.pdf

該当する調理方法を見つけよう

左のグラフでは、ガイドラインに定められた「75℃1分間と同等以上」の、加熱温度と加熱時間の相関関係を示しています。65℃で加熱する場合は15分間、70℃で加熱する場合は3分間、それぞれ加熱することによって、75℃1分間の加熱と同等の条件を満たすことができます。相関する温度と時間に見合った調理法を採用することで、安全かつ美味しく調理することができるのです。

第3章 調理編 美味しく安全な加熱条件

中心温度の測り方

もっとも厚みのある部分で計測する

確実に安全性を高めるために、調理に不慣れな方は中心温度計を使用するといいでしょう。使い方は簡単、温度を検知する針の部分を食材の真ん中に刺すだけです。刺す位置に偏りがあると、温度が簡単に上がってしまい、十分に加熱されていないのに、調理を終えてしまう可能性もあるので危険です。食材の厚みが異なる場合は、もっとも厚みのある部分を選んで計測しましょう。

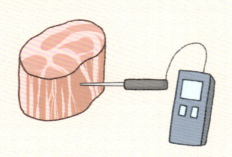

中心温度計の種類

防水形メモリー付き中心温度計 AD-5628

水深1mの常温の静水において、30分間の防水性能を保持しているので、調理場でも水濡れを気にせず使用できる。99個の測定データを保存できたり、簡易ストップウォッチ機能で温度と経過時間の変化を同時に表示できるので、ジビエ調理時も安心。

中心温度計 AD-5624

約80cmのセンサーケーブルにより、離れた場所の温度測定が可能なタイプ。温度表示の間隔は約1秒と、すばやい温度変化に対応している。上下限の温度アラーム機能も付いているので、温度管理が容易にできる。

株式会社エー・アンド・デイ　http://www.aandd.co.jp/

調理編

基本の調理法「ポワレ」

ジビエ肉を美味しく安全に調理する方法があります。
それは伝統的にジビエ料理が親しまれてきたフランス料理にありました。

ジビエ肉の旨味を引き出し
安全面も担保してくれる調理法

　美味しく安全にジビエ料理を楽しむヒントを、フランス料理から学びます。その調理法は「ポワレ」と呼ばれるもので、魚料理で食したことがある方もいるかもしれません。

　ポワレとは一般的に、フライパンで焼く調理法と、そう調理されたものを呼びます。オーブンなどを使わず、フライパンに油をしいて、具材の表面を香ばしく焼いて中は柔らかく焼き上げるポワレは、ジビエ料理にもぴったりです。

　また、ポワレには「アロゼ」という工程があります。これは、肉を焼いているときに食材から出てきた油脂やバターを、スプーンなどで肉に回しかける方法のこと。バターなどの動物性の油脂は、脂がシカの赤身肉などの繊維の中に浸透し、しっとりと仕上げてくれます。植物性の油は繊維の中に入りにくく、脂の補充には向きません。もともと脂身の少ないジビエ肉に脂を浸透させるには、動物性の油脂が適しているのです。

　前述したとおり、安全面でも低温でじっくり焼き上げることが推奨されるジビエ肉を調理するのに、ポワレは手法の点でも肉の味を引き出す点でもぴったりの調理法と言えるのです。

ソテー

いわゆる炒めること。フライパンに少量の油をしいて、比較的高温で加熱する調理法。調理時間を短くするため、食材を薄く小さく切る必要があります。ジビエをソテーする際は、肉を柔らかくするためにビネガーやオイルでマリネしておく、衣をつけるなど工夫すると、パサつきを防ぐことができます。

ポワレ

フライパンで油を使って香ばしく焼き上げる調理法。ふたをして蒸し焼きにしたり、動物性の油脂をまわしかけるアロゼで仕上げることで、表面をかりっと、中をしっとりと焼き上げることができる調理法です。ジビエ肉、特に鹿肉を調理する上で、フランス料理でもっとも一般的な手法です。

ムニエル

食材に粉をまぶしてからフライパンなどでバター焼きにする調理法のことです。主に魚料理に使われており、日本でも定着している焼き方と言えるでしょう。もちろんジビエ肉の調理にも使われています。お好みで楽しみましょう。

ポワレの手順

1
鹿肉に塩とコショウで下味をつける。冷たいフライパンに無塩バター（100gの肉に対して30〜40g）を入れて弱火にかける。バターが溶けたら塊肉を入れる。

2
スプーンで溶けたバターを絶えずすくいながら、肉の上に回しかける作業を続ける。バターの熱で表面の肉の色が白く変わったら、肉を裏返す。30回ほどバターをすくってはかけるを繰り返し、肉を返してさらに30回繰り返したら、休ませる。バターは泡状にふつふつした状態でまわしかけると、肉に効率よく火が入る。5分30秒ほど加熱する。

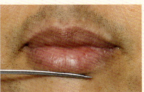

3
焼き上がりの判断は温度確認（P119）ですること。または、金串でも可能。金串を肉の中心まで垂直に差し込み、5秒ほどおいたら下唇の下にあてて、体温よりも熱い状態（ピリっと感じる程度）になれば内部まで加熱が完了している状態。

第3章 調理編 | 基本の調理法「ポワレ」

加熱工程と肉の火入れイメージ

アロゼ

アロゼまでを終えた状態が左の写真。塊でアロゼしてちょうどよい加熱がされていると、中心を切った断面はきれいなロゼ色になっている。アロゼの段階では中心部はまだ赤く、まだ生ではないかと不安になるかもしれないが、ルポゼ（下記参照）まで完了することで、中心まで安全な温度に達する。

ルポゼ

温かい場所で加熱した時間と同じ時間休ませることを「ルポゼ」という。ルポゼをすることで、肉の外側の熱が中心まで伝わり、逆に温度の低い中心から外側に肉汁（水分）が移動し、肉全体を均一にジューシーに仕上げることができる。

急激な温度変化は禁物
じっくり低温で焼き上げる

　ポワレのときに弱火を保つということはとても重要なことです。強火で加熱すると、火傷をしたときのように肉の表面が急激に縮み、硬くなってしまいます。肉の中まで茶色く色が変わってしまうと、硬さや臭みが気になる状態となってしまいます。焼き過ぎにも注意しましょう。

　肉の中まで均一に火を入れるためには、急激な温度変化は禁物です。急激に加熱すると、表面の肉は硬くなっても中は生という状態になってしまいます。中心まで弱火でゆっくりと加熱すれば、表面から肉の中心まで均一に火がとおり、加熱殺菌もむらなく行えるので安心です。また、ルポゼという肉を休ませる工程を行うことで、肉全体をジューシーに仕上げることもできます。

【ポワレの工程（例）】

アロゼ	弱火で5分30秒間加熱する
▼ルポゼ	火から下ろし5分30秒間おく

第3章 調理編 | 基本の調理法「ポワレ」

フレンチジビエの基本の焼き方でシンプルにいただく

鹿ロースのポワレ

[道具] フライパン　[調理時間] 20分

材料（1人分）

鹿ロース肉又はモモ肉……… 100g
塩……… 適量
無塩バター……… 30g

作り方

1. 鹿肉に塩を振り、下味をつける。

2. フライパンが冷たい状態でバターを入れ弱火にかけ、バターが溶けたら鹿肉を入れ、溶けたバターをスプーンで絶え間なく30回ほど回しかける。

3. 鹿肉の表面の色が白っぽく変わったら、肉を裏返し、バターをすくって絶え間なく回しかける。これを5回ほど繰り返す。

4. 火を止め、焼いた時間と同じ時間フライパンの上で休ませる（加熱完了は、P119を参照）。

調理編

美味しく食べるための下処理

いよいよ食材としてまな板に並んだジビエ肉。
ここからは美味しくいただくための下処理の方法を紹介していきます。

モモ肉のトリミング

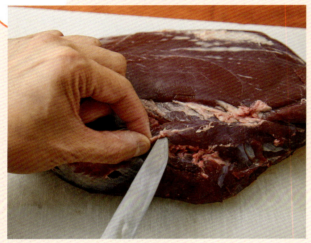

1 解体時に残っていたスジをトリミングする。購入時にも多少のスジが残っている可能性がある。包丁の先でスジを引き出し、剥がしながらスジ部分のみに包丁を入れていく。

2 表面が乾燥して干し肉のようになっている部分は調理してもパサパサしてしまうので、トリミングしてしまう。鹿肉は特に口に残りやすいので注意。

3 乾燥した部分やスジのほか、色が黒みがかっている部分もトリミングし、できる限り赤身だけの状態を目指してカットしていく。ただし、肉自体の量が減ってしまわぬよう、薄くカットすること。

4 気になるスジなどをトリミングしたのが写真上の状態。調理用に半分にカットした際に、乾燥部分や黒みがかった部分があれば調理前にカットしてしまおう。モモ肉を使ったレシピ→P138〜

第3章 調理編｜美味しく食べるための下処理

ロースのトリミング

1 ロースには片面を覆うようにスジが付いているので、皮をむくように包丁でスジを剥ぎ取る。スジをたるませないように、引きながら包丁をスライドさせていく。

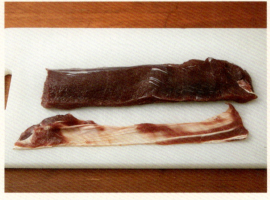

2 スジを取りきった状態。なるべく薄く切るように慎重に行おう。

3 モモ肉と同様に、気になるスジが残っていれば、包丁の先でトリミングしておく。

125

シンタマをトリミングしてマリネする

1 シンタマは特にスジの多い部位のため、トリミング作業は手間がかかる。

2 モモ肉同様、包丁の刃先でスジを引き出し、剥がしながらスジ部分のみに包丁を入れていく。

3 アキレス腱へと繋がる箇所は特に硬いので取り除いてしまう。スジとスジの間を見つけて剥がしていく。

4 包丁の刃先でこそぐようにしてスジを引き出し、こそいだスジを手で引っ張りながら、薄くスジのみを剥がしていく。

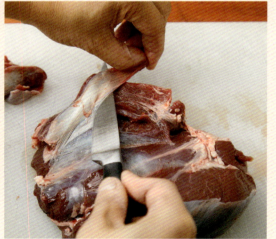

5 内側のスジを落として開いていくと、さらに内側にもスジが現れる。開いて2つに分けてしまう。

6 内側の接合部にはスジとともに血管も残っているので、同じようにしてトリミングする。

7 トリミングが終わったらスライスして、砂糖、塩、酢、植物油とともにボウルに入れる。

8 7を混ぜて10分以上漬け込むことで、肉を柔らかくできる。シンタマを使ったレシピ→P146、P148

第3章 調理編 美味しく食べるための下処理

ヨーグルトで漬け込む

1 モモ肉をさらに柔らかくするためにヨーグルトに漬け込む。半分にカットしたら、乱切りのように均一の大きさに切っていく。

2 ボウルに1を入れ、ニンニク、生姜、しょうゆ、みりんを加えてヨーグルトを入れる。

3 1時間ほど漬け込むと、ヨーグルトに含まれる乳酸菌の効果で肉が柔らかくなる。モモ肉のヨーグルト漬けを使ったレシピ→P151

圧力鍋で肉をやわらかくする

1 スネ肉は圧力鍋で柔らかくする。スネ肉を圧力鍋に入れ、肉が浸る程度の水と塩、砂糖を加えて煮込む。

2 圧力鍋が吹き出したら、火を止めて30分ほど寝かせる。

3 寝かせたスネ肉を乱切りのようにカットする。包丁の背やミートハンマーでカットしたスネ肉を叩いて柔らかくする。裏表行う。スネ肉を使ったレシピ→P144、P150

第3章 調理編 美味しく食べるための下処理

調理編

各部位の特徴とおすすめの調理法

解体した鹿肉と猪肉を並べてみました。
それぞれの部位の特徴とおすすめの調理法を紹介します。

鹿半身外側

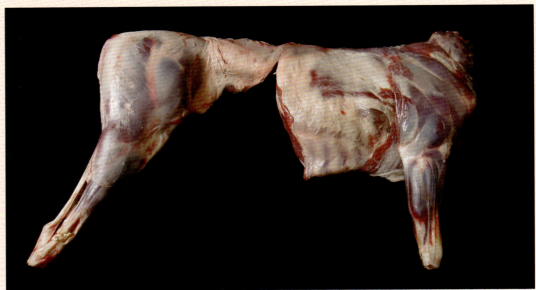

鹿半身内側

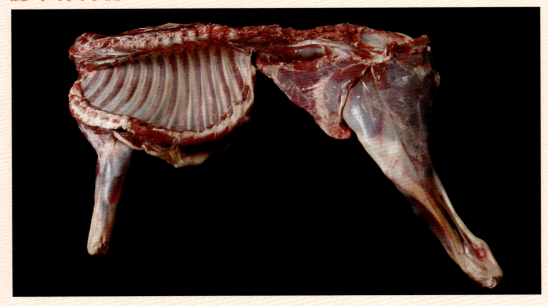

各部位の特徴を把握して
適した調理法でいただく

　ジビエを代表する食材、鹿肉と猪肉。下準備や調理法によって実に美味しくいただくことのできる食材が、捕獲されても大半廃棄されているという実態は残念でなりません。また、期待できる健康効果も高い食材なので、健康志向の高まる現代においては本来ならば需要も高いはずです。

　内臓以外、食肉として活用できる鹿肉と猪肉の可食部は写真のとおり。量はありますが、部位によって肉の特徴や肉質は大きく異なります。運動をしていない家畜と違って、運動能力の高いジビエの肉は発達する部位とそうでない部位とで脂ののりなどが違ってくるのです。次のページからは、鹿肉と猪肉のそれぞれの部位の特徴とおすすめの調理法などを紹介しています。それぞれの肉の特徴を把握して、適した調理法にて美味しくいただきたいものです。

第3章 調理編
各部位の特徴とおすすめの調理法

猪半身外側

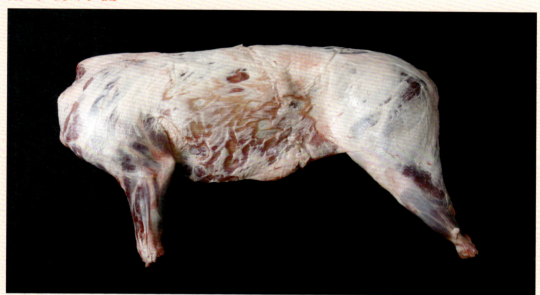

猪半身内側

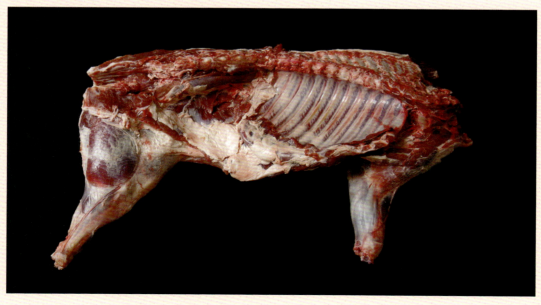

鹿肉の特徴とおすすめの調理法

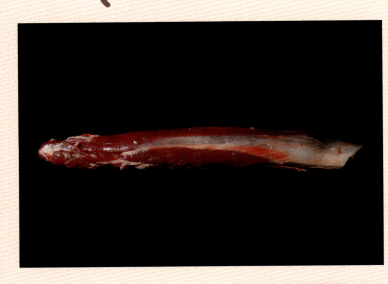

鹿ロース

きめの細かい繊維と適度な脂肪分により柔らかな肉質をしているので、さまざまな料理に使うことのできる部位です。大きめにカットしてステーキにするのはもちろん、薄めにスライスするしゃぶしゃぶでも、その上品な肉質を楽しむことができます。

鹿外モモ

肉が筋肉質で繊維も粗いため用途が限られてしまいますが、筋繊維に対して垂直にスライスすれば炒め物や唐揚げなどさまざまな料理に使えます。

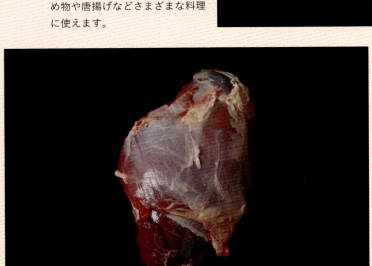

鹿内モモ

筋繊維の細さにより柔らかく、どんな料理にも使いやすい部位です。おすすめの調理法としてはステーキや生姜焼きなど。ボリューム感のある料理に向いています。

第3章 調理編 | 各部位の特徴とおすすめの調理法

鹿シンタマ

柔らかくきめ細かい部位のシンタマ。何本もスジが入っていますが、それを取り除いてしまえば料理に使いやすい部位になります。塊が小さくなるので、一口カツや唐揚げなどに適しています。

鹿スネ

スジが多く普通に焼いて食べる用途にはあまり適しません。しかし、圧力鍋を使用すればそのプリプリとした食感と肉の旨味を楽しむことができます。また、挽肉にしてソーセージやハンバーグにして楽しむこともできます。

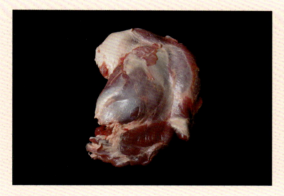

鹿ウデ

ウデはスネとほぼ同じような特徴を持っており、圧力鍋を使ったり、挽肉にして楽しむことができます。また、敢えてトリミングを行わないまま煮込み料理に利用することもできます。

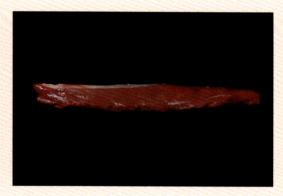

鹿ヒレ

肉のほとんどが赤身でありながら柔らかな肉質を併せ持つ、鹿肉の中でも最上級と評判の部位です。ステーキにする用途が人気ではありますが、大胆に一本丸ごとをヒレカツにする調理方法も人気があります。

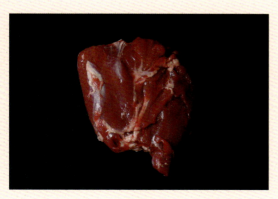

鹿ランプ

適度な弾力を持つ「これぞ肉！」といった食感を持つ部位です。やはりステーキにする用途が人気で、厚めにスライスすることで満足感が味わえます。繊維は粗いので包丁で少し叩くと良いでしょう。

133

猪肉の特徴とおすすめの調理法

猪肩ロース

きめ細かな赤身と深いコクのある脂身が楽しめます。非常に柔らかな肉質を楽しむことのできる部位です。おすすめの調理方法はステーキ、カツレツのほか、牡丹鍋やしゃぶしゃぶといった調理法も人気です。

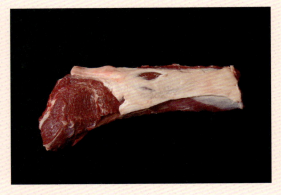

猪背ロース

柔らかい肉質が特徴の背ロースは、脂がのりやすいのが特徴。冬の分厚い脂身は最高の味わいです。ステーキ、すき焼き、カツレツ、鍋、ハム、スライスしてのソテーとさまざまな調理法で楽しむことができます。

猪骨つきバラ

猪肉の脂身はコラーゲンが豊富なため通常の脂身のようなしつこさがなく、プリプリとした歯応えを楽しむことができます。角煮やシチューなどに利用するのも良いですが、そのまま焼いて食べる調理法も人気です。

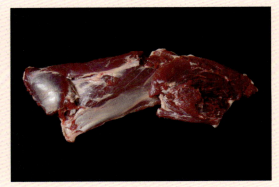

猪外モモ

鹿肉の外モモと同様、筋肉質で繊維も粗く猪肉の中では比較的赤身の多い部位です。繊維に対して垂直にカットして使います。おすすめの料理はひとくちカツ、ロースト、しゃぶしゃぶなどです。

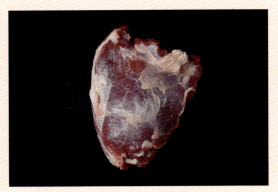

猪内モモ

筋繊維の柔らかさによりジューシーな味わいが魅力の部位。厚めにカットして調理するのがおすすめで、弾力ある歯応えと旨味を堪能できます。ステーキやすき焼きなどにも適しています。

第3章 調理編 | 各部位の特徴とおすすめの調理法

猪シンタマ

他のモモ系部位同様、脂身の少なさに反して柔らかい肉質をしています。丸い形をしているのでさまざまな料理に使用しやすく、通常調理の他にはハムや燻製などへの加工にも適しています。

猪スネ

スネと同様にスジが多い部位で、普通に焼いて食べる用途には適しません。圧力鍋を使ったり、低温調理で美味しくいただくことができます。挽肉にしてソーセージやハンバーグにしても良いでしょう。

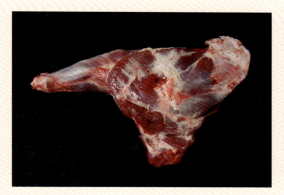

猪ウデ

上半身を支える肩の特性上、ウデは可動域が広いためモモ肉に比べるとややスジの多さが目立ちます。そのため、調理法はカレーやシチューといった煮込み料理のほか、挽肉加工してハンバーグにするのも人気です。

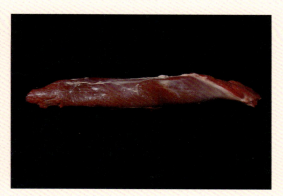

猪ヒレ

脂身は少なく、きめ細かな繊維をしているので赤身でありながら非常に柔らかい肉質をしているのが特徴です。おすすめの調理方法はステーキ、ロースト、ヒレカツなどです。

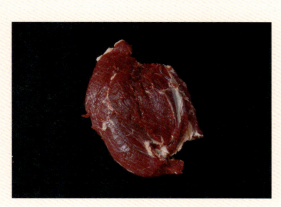

猪ランプ

鹿肉のランプと同様に、適度な弾力が魅力な部位。厚めにスライスしてステーキとして調理すれば満足感が得られるはずです。繊維は粗いので包丁で少し叩くと良いでしょう。

調理編

骨をボーンブロスとして活用する

野生鳥獣を解体すると、当然ながら大量に骨が残ります。
ここでは骨も捨てずに活用する方法を紹介します。

欧米でも注目を集める
ボーンブロスの健康・美容効果

ボーンブロスとは、欧米で流行している動物の骨からとったスープのことです。豚骨スープや鶏ガラスープなど、ラーメン文化の発達した日本ではさほど珍しくありませんが、これらの健康効果が新たに注目を集めているのです。

ボーンブロスにはコラーゲンの材料となるグリシンやプロリンなど、美容成分が豊富に含まれています。また、整腸作用や免疫力アップなど、さまざまな効果が期待できます。解体して大量に出てしまう骨も無駄なく活用しながら、健康と美容も手に入れましょう。

ボーンブロス（鹿骨スープ）の作り方

材料

鹿骨……… 3kg
水………… 8ℓ

作り方

1 鍋に鹿骨と水を入れ強火にかける。水は最初に5ℓ入れ、途中1ℓずつ3回継ぎ足す。

2 沸騰したらアクをしっかり取り、弱火で5時間ほど煮込む。

(鹿骨スープのアレンジレシピ)

鹿骨スープと天然キノコのスープ

材料（1人分）

鹿骨スープ………150㎖
天然キノコ………100g
塩………適量

作り方

1. 鹿骨スープと大きめに切った天然キノコを、鍋に入れ沸騰させる。
2. 弱火にして3分ほどキノコの食感が残るくらい煮込む。
3. 塩で味を調える。好みでイタリアンパセリを加える。

鹿骨スープの洋風茶碗蒸し

材料（1人分）

鹿骨スープ………150㎖
卵………1個
塩………適量
黒コショウ………少々

作り方

1. 鹿骨スープと卵を泡立て器でよく混ぜ合わせる。味が薄ければ塩を加える。
2. 裏ごしし、器に入れラップをする。
3. 湯気の上がった蒸し器に入れ、弱火にして12分蒸す。
4. コショウを振る。

第3章 調理編　骨をボーンブロスとして活用する

鹿肉のレシピ

鹿肉は脂身がほとんどない赤身のため、
強火調理ではパサつきやすい特徴がありますが、
脂分の補充や加熱温度の工夫で鹿肉の美味しさを引き出すことができます。

サクサクとした衣に包まれた、確かな食感
鹿内モモカツレツ

道具 ボウル・フライパン　調理時間 15分

材料（1人分）

鹿モモ肉……… 50g
A 塩……… 0.5g
　砂糖……… 1g
　サラダ油……… 5g

B 薄力粉……… 適量
　水……… 適量
　パン粉……… 適量
　サラダ油……… 適量（揚げ用）

トマト……… 50g
オリーブ油……… 適量
塩……… 適量
タバスコ……… 少量

作り方

1 鹿肉は1cmほどの厚切りにし、包丁の背でたたく。

2 Aの調味料で1に下味をつける。

3 混ぜ合わせたBに2をくぐらせ、パン粉をまぶす。

4 180度のサラダ油で2〜3分揚げる。

5 トマトを湯むきしてサイの目切りにし、オリーブ油、塩、タバスコを混ぜてカツにのせる。

6 お好みで季節の野菜（サニーレタスやトレビスなど）を添える。

第3章 調理編

鹿肉レシピ❶

いつもとは一味違ったハンバーグを
鹿ミンチ ハンバーグ ラタトゥイユ添え

[道具] ボウル・フライパン・オーブン　　[調理時間] 20分

材料（4人分）

鹿挽肉……… 800g　　白コショウ……… 適量
玉ねぎ……… 200g　　サラダ油……… 適量
豚挽肉……… 160g　　塩……… 適量
全卵……… 1個

作り方

1. ボウルにすべての材料を入れ、よくこねる。
2. フライパンにサラダ油をしき、中火で表面に焼き色がつくまで焼く。
3. 予熱した200度のオーブンで10分ほど焼く。
4. 串を刺してハンバーグの中から透明な肉汁が出てきたら完成。

ラタトゥイユ

材料（4人分）

オリーブ油……… 200㎖
ニンニク（みじん切り）……… 2片
玉ねぎ（さいの目切り）……… 1個
パプリカ赤（さいの目切り）……… 1個
パプリカ黄（さいの目切り）……… 1個
ズッキーニ（さいの目切り）……… 1本
ナス（さいの目切り）……… 2本
生タイム……… 2本
塩……… 適量
白コショウ……… 適量
トマト（湯むきしてさいの目切り）……… 3個（中玉）

作り方

1. 鍋にオリーブ油、ニンニク、玉ねぎ、パプリカを入れ、弱火で炒める。
2. 1にズッキーニ、ナスを加えオリーブ油がしっかりと染み込むように炒める。
3. タイム、塩、コショウで味を調え、トマトを入れ10分ほど煮込む。

第3章 調理編　鹿肉レシピ❷

低脂肪な肉質は素朴さをも演出する

鹿ミンチ ミートソースとジャガイモのグラタン

道具 フライパン・オーブン　調理時間 40分

材料（4人分）

サラダ油………適量	顆粒コンソメ………8g
鹿ひき肉………500g	塩………適量
玉ねぎ………300g	白コショウ………適量
ニンニク………2片	ジャガイモ………300g
赤ワイン………300㎖	生クリーム………100g
トマト水煮………500g	バター………50g
ローリエ………1枚	チーズ………適量

作り方

1. フライパンにサラダ油をしき、鹿肉を入れ、表面が茶色くなるまでしっかりと炒める。みじん切りにした玉ねぎ、ニンニクを加え、さらに炒める。

2. 赤ワイン、トマト水煮を加え、沸騰させる。ローリエ、コンソメを加え、さらに煮詰める。

3. 水分が最初の1/3ほどに煮詰まったら、塩、コショウで味を調える。

4. マッシュ状にしたジャガイモに生クリーム、バターを加え、弱火にかけながら、滑らかなピュレ状にして、塩（分量外）で味を調える。

5. 耐熱皿に4をしき、3をかけ、チーズを振りかけて200度に予熱したオーブンで15分焼く。

第3章 調理編 鹿肉レシピ❸

心地よい舌触りでバナナの甘さを引き立てる
鹿スネとバナナのタルト

道具 オーブン、タルト型　調理時間 90分

材料（24cmタルト型1台分）　※タルト生地は冷凍生地で代用可

卵………1個
水………15ml
バター………70g
A 強力粉………40g
　薄力粉………90g
鹿スネ肉………200g
塩………5g

砂糖………40g
水………1500ml
バナナ（輪切り）………200g
B 卵………1個
　砂糖………35g
　生クリーム（植物性）………150ml
　薄力粉………20g

作り方

1 卵と水をよく混ぜ、常温に戻したバターを加えてさらに混ぜる。

2 1に振ったAを加え、手でよく混ぜ合わせる。ラップで包み、冷蔵庫で4時間ほど寝かす。寝かし終わったら、伸ばしてタルト型で成形する。

3 鹿肉、水、塩、砂糖を圧力鍋に入れ強火にかけ、圧力がかかったら弱火にして30分ほど加熱する。

4 Bを混ぜ合わせ、裏ごししておく。

5 2に3とバナナをしき、4を流し入れ、200度に予熱したオーブンで45〜50分焼く。粗熱がとれたら切り分け、好みで季節の果物（シャインマスカットやフルーツホオズキなど）を添える。

柔らかなモモ肉が、口の中でほろほろと溶け出す
鹿シンタマ トマトシチュー

道具 ボウル・フライパン　調理時間 30分

材料（4人分）

鹿シンタマ
（厚さ3mmほどにスライス）
……… 400g
A 砂糖 ……… 7g
　塩 ……… 5g
　サラダ油 ……… 30ml
　酢 ……… 15ml
片栗粉 ……… 20g
サラダ油 ……… 適量

オリーブ油 ……… 適量
玉ねぎ ……… 1個分
ニンニク ……… 2片
トマト水煮（缶） ……… 500g（1缶）
トマトペースト ……… 20g
水 ……… 200ml
顆粒コンソメ ……… 7g
生クリーム（動物性） ……… 100g
塩 ……… 適量

作り方

1 鹿肉はAの調味料と混ぜ合わせ、10分ほどおく。なじんだら片栗粉をまぶす。

2 フライパンにサラダ油をしき、1の鹿肉を広げ、中火で両面に焼き色がつくまで焼く。

3 鍋にオリーブ油をしき、スライスした玉ねぎとニンニクを中火で焼き色がつくまで炒める。

4 3にトマト水煮、トマトペースト、水を加え、強火で沸騰させアクを取る。2と顆粒コンソメを加え、中火で15分ほど煮込む。

5 生クリーム、塩を加えひと煮立ちさせる。好みでイタリアンパセリを添える。

第3章 調理編　鹿肉レシピ ⑤

147

一口大の肉と野菜が奏でる調和の取れた一品
鹿シンタマ オイスターソース炒め

道具 フライパン　　調理時間 30分

第3章 調理編　鹿肉レシピ❻

材料（4人分）

鹿シンタマ
（厚さ3mmほどにスライス）
……… 400g
A 砂糖 ……… 7g
　 塩 ……… 5g
　 サラダ油 ……… 30㎖
　 酢 ……… 15㎖
サラダ油 ……… 適量

B 玉ねぎ ……… 1個
　 パプリカ赤 ……… 1個
　 ピーマン ……… 4個
　 エリンギ ……… 3本
オイスターソース ……… 80g
塩 ……… 少々
黒コショウ ……… 少々

作り方

1　鹿肉とAの調味料を混ぜ合わせ、10分ほどおいてなじませる。

2　フライパンにサラダ油をしき、1の鹿肉を広げ、中火で両面に焼き色がつくまで焼く。

3　Bの野菜は一口大に切っておく。

4　フライパンにサラダ油をしき、3の野菜を中火で焼き色がつくまで炒める。

5　2の鹿肉を加え、オイスターソース、塩、コショウで味を調える。

さっぱりとした味付けで映える鹿の旨み
鹿スネ ポン酢和え

道具 圧力鍋　調理時間 40分

材料（4人分）

鹿スネ肉……… 200g
水 ……… 1500㎖
塩 ……… 10g
ポン酢 ……… 適量
砂糖 ……… 適量
青ねぎ（小口切り）……… 適量

作り方

1. 鹿肉、水、塩、砂糖を圧力鍋に入れ強火にかけ、圧力がかかったら弱火にして30分ほど加熱する。

2. 冷めたら一口大に切り、器に盛りつける。

3. ポン酢をかけ、青ネギをちらす。好みで糸唐辛子を添える。

揚げ物なのにヘルシー
鹿肉モモ唐揚げ

道具 鍋　調理時間 100分

材料（4人分）

鹿モモ肉……… 400g
無糖ヨーグルト……… 50g
醤油……… 30㎖
みりん……… 30㎖
酒……… 30㎖
おろしニンニク……… 1片分
おろし生姜……… 1片分
片栗粉……… 適量
サラダ油……… 適量（揚げ用）

作り方

1. 鹿肉とヨーグルトを混ぜ合わせて、1時間ほど冷蔵庫で漬け込む。

2. 1に醤油、みりん、酒、生姜、ニンニクを加え、さらに30分漬け込む。

3. 2に片栗粉をまぶして、180度のサラダ油で2〜3分揚げる。好みでイタリアンパセリとカットしたレモンを添える。

第3章 調理編｜鹿肉レシピ 7/8

猪肉のレシピ

豚肉と似ていると言われることの多い猪肉ですが、
実は豚肉に比べてコラーゲンが豊富でとってもヘルシー。
近年では牡丹鍋など猪肉が高い美容効果を持つと話題になっています。

ソーセージをつくって、BBQ、燻製、ボイルでいただく！

手づくり猪肉ソーセージ

|道具| ボウル・羊腸・ソーセージ用口金・ソーセージ用絞り袋　|調理時間| 70分

材料（4人分）

猪ひき肉……… 1200g　　塩……… 15g
すりおろしニンニク……… 3片　　砂糖……… 10g
すりおろし玉ねぎ……… 100g　　黒こしょう……… 適量
氷水……… 200g　　ヨモギの葉……… 適量

作り方

1. ヨモギの葉以外の材料をすべてボウルに入れよくこねる。このとき、こねすぎてミンチが体温で温まらないように注意。温かくなると肉同士が結着せずに、しあがったときにボソボソになってしまう。氷水を使用するのも、温度が上がり過ぎないようにするため。

2. 羊腸（ソーセージケーシング）を水で戻す（塩漬けされているため）。

3. ソーセージ用の絞り袋でケーシングに 1 を充填する。あまりパンパンに入れると破裂してしまうため、8割くらいに詰める。

4. 適当な長さでねじる。このとき気泡が入っていれば金串で空気を抜く。

5. 鍋に水を入れ、少ししょっぱいと感じるくらいの塩（1Lの水に10g）とヨモギの葉を入れ、水からソーセージを茹でる。70度くらいの温度になるように、弱火で加熱する。

6. 火を止め、余熱でソーセージに火を通す。

7. 6 のままでもいただけるが、燻製にしたり、BBQで焼いたりと楽しめる。

第3章 調理編　猪肉レシピ❶

153

豚肉では味わえない大量のコラーゲン
猪バラ肉と大根の煮込み

道具 鍋　調理時間 180分

材料（4人分）

猪バラ肉……… 2kg
水……… 3ℓ
塩……… 10g
砂糖……… 20g
大根（輪切り）……… 8枚

作り方

1. 鍋に猪肉と水、塩、砂糖を加え、弱火で煮込む。途中で水分が少なくなったら水を加える。
2. 猪肉に串がスッと刺さるくらいまで煮込み、煮上がったら鍋のまま冷ます。
3. 2の煮汁で大根を柔らかくなるまで煮込む。
4. 2を切り分け、3を煮汁ごと器に盛り、好みで三つ葉を添える。

第3章 調理編　猪肉レシピ❷

豊かな甘みと豪快な骨付き肉で、味覚と視覚を魅了する
猪スペアリブとピンクレディーの煮込み

[道具] 鍋　[調理時間] 40分

材料(4人分)

猪スペアリブ……… 800g
ピンクレディー……… 4個
（内2個は最初から煮込み、
　残り2個は仕上げ時に煮込む）
白ワインビネガー……… 30㎖
（または同量のお酢）
白ワイン……… 500㎖（または、お酢）
水……… 600㎖
顆粒コンソメ……… 14g
砂糖……… 10g
ローリエ……… 2枚
塩……… 適量
粗挽き黒コショウ……… 適量

作り方

1. 鍋に白ワイン、水、顆粒コンソメ、砂糖、ローリエを入れて強火で沸騰させる。

2. 猪スペアリブの両面に塩、粗挽き黒コショウをたっぷりとふり、1の鍋に入れる。

3. ピンクレディー2個を縦4等分に切り、芯を取って2に入れる。

4. 沸騰してアクをすくったら、蓋をして弱火で1時間ほど、スペアリブが柔らかくなるまで煮込む。

5. ピンクレディー2個をくし切りにして、白ワインビネガーを絡めておく。

6. スペアリブが柔らかくなったら、鍋に2のピンクレディーを加え、軽く煮込む。

7. 最後に塩で味を調えたら完成。

プリプリの肉とシャキシャキの野菜を味わう

猪ロースとお野菜の鍋

道具 鍋　調理時間 15分

材料(4人分)

猪ロース肉(スライス)……… 400g
白菜……… 200g
パクチー……… 適量
鹿骨スープ……… 300mℓ
塩……… 適量

作り方

1. 鍋に白菜、猪肉をのせ、塩を振って鹿骨スープ(P136)をそそぎ、10分ほど火にかける。
2. 仕上げにパクチーをちらす。

第3章 調理編 猪肉レシピ❸/❹

クセのない肉質はあらゆる料理に適応する
猪モモ肉とキノコのストロガノフカレー風味

| 道具 | フライパン | 調理時間 | 20分 |

材料（4人分）

- バター……… 30g
- ニンニク……… 2片（9g）
- 玉ねぎ……… 120g
- しめじ……… 50g
- エリンギ……… 50g
- マッシュルーム……… 50g
- 猪モモ肉（スライス）……… 300g
- ブランデー……… 50㎖
- 牛乳……… 100㎖
- 生クリーム（動物性）……… 100㎖
- 顆粒コンソメ……… 5g
- 塩……… 適量
- 黒コショウ……… 適量
- カレー粉……… 適量

作り方

1. フライパンにバターをしき、薄切りにしたニンニクと玉ねぎをしっかりと焼き色がついてしんなりするまで炒める。
2. しめじ、エリンギ、マッシュルームは一口大に切っておく。
3. 2と猪肉に塩、コショウで下味をつけ、中火で火を通す。
4. ブランデーを加え一煮立ちさせたら、牛乳、生クリーム、顆粒コンソメを加え再び沸騰させる。
5. 弱火にし、ある程度とろみがついたら、塩、コショウ、カレー粉で味を調える。好みでセルフィーユを添える。

ジューシーな肉質を酸味の効いたドレッシングでいただく

皮付き猪バラ肉の冷製サラダ仕立て

道具 鍋　調理時間 420分

材料(4人分)

- 猪バラ肉（皮付き）………1kg
- 水………3ℓ
- 塩………10g
- 砂糖………30g
- フレンチドレッシング………200㎖
- ゆで卵（みじん切り）………1個
- パセリ（みじん切り）………30g

作り方

1. 鍋に猪肉、水、塩、砂糖を入れ、弱火で6時間ほど煮込む。
2. 途中で水分が少なくなったら水を加えながら、皮が柔らかくなるまで煮込む。煮上がったら冷蔵庫で冷ます。
3. 器に盛りつけ、ゆで卵とパセリを加えて混ぜたフレンチドレッシングを添える。

第3章 調理編 猪肉レシピ ❺/❻

鳥肉のレシピ

はじめから食用として育てられる鶏肉とは違い、
野鳥の肉には独特の臭みがあると言われていますが、
きちんとした処理を行うことで臭みを抑えることが可能です。

鴨肉の香ばしさと温野菜の甘みが1つの鍋に

鴨ムネ肉と野菜のポトフ

道具 フライパン　調理時間 40分

材料（1人分）

鹿骨スープ……… 500㎖
水……… 300㎖
ゴボウ（スライス）……… 200g
カブ（4等分に切る）……… 1個
ジャガイモ（4等分に切る）
……… 1個
にんじん（4等分に切る）……… 1本
セロリ（4等分に切る）……… 1本
塩……… 適量
黒コショウ……… 適量
鴨ムネ肉……… 1枚

作り方

1 鹿骨スープと水、ゴボウ、カブ、ジャガイモ、にんじん、セロリを鍋に入れ20分ほど中火にかけ、ゴボウの味を鹿骨スープ（P136）に移す。

2 塩、黒コショウで味を調える。

3 鴨ムネ肉に塩を振る。フライパンにオリーブ油をしき、皮目から弱火で10分ほど香ばしく焼き、裏返してさらに5分ほど焼く。

4 器に1の野菜をしき、4等分に切った鴨ムネ肉を盛りつけ、熱い鹿骨スープをそそぐ。

第3章 調理編 | 鳥肉レシピ❶

フルーティなソースと滑らかなムース
キジのムース
シャインマスカットとキノコのクリームソース

道具 フードプロセッサー・プリンカップ・鍋・蒸し器　調理時間 30分

材料(4人分)

キジモモ、ムネ肉………200g
生クリーム(動物性)………100g
卵………1個
塩………適量
鹿骨スープ………100㎖
生クリーム(動物性)………50g
しめじ………100g
シャインマスカット………4粒

作り方

1. キジ肉をフードプロセッサーで細かくする。生クリーム、卵を加え滑らかになるようにさらに回す。塩で味を調え、裏ごしする。

2. バターを塗ったプリンカップに入れ、湯気の上がった蒸し器で12分ほど蒸す。

3. 鍋に鹿骨スープ、生クリーム、しめじを入れ、煮詰める。水分が1/3ほどに煮詰まったら半分に切ったシャインマスカットを加えて火を止める。

4. 2のムースを器に盛りつけ、3のソースをかける。好みで糸唐辛子を添える。

さっぱりとした味付けで1羽まるごとの鳩をいただく
山鳩の1羽ポワレ　サラダ仕立て

道具　オーブン・フライパン・蒸し器　　調理時間　30分

材料（4人分）

山鳩肉……… 1羽分
季節野菜……… 適量
塩……… 適量
フレンチドレッシング……… 80g

作り方

1 山鳩は頭、手羽を切り落とす。頭は½に割る。頭、手羽に塩を振り下味をつける。

2 予熱した200度のオーブンで**1**を15分ほど焼く。

3 フライパンにオリーブ油をしき、塩を振った**2**をムネから弱火で全身こんがりと色がつくくらい焼く。

4 季節野菜（カブ、ズッキーニ、ラディッシュ、いんげんなど）を蒸し器で蒸し、器に盛りつける。**3**の山鳩肉をムネ、モモにばらし、盛りつける。仕上げにフレンチドレッシングをかける。好みでタイムを添える。

第3章　調理編　鳥肉レシピ❷／❸

パリパリの皮とホクホクの身に、甘めのソースがよくハマる

すずめ焼きハチミツとスパイスの香り

|道具| オーブン　|調理時間| 30分

材料（1人分）

すずめ……… 1羽
みかん……… 1/2個
赤ワイン……… 100cc
A ハチミツ……… 50g
　ナツメグ……… 少々
　黒コショウ……… 少々

作り方

1. すずめは毛をむしり取る。赤ワインを¼に煮詰めてAを混ぜ合わせてソースを作り、すずめの表面に塗る。

2. 予熱した200度のオーブンで15分焼く。みかんは皮付きのままオーブンで20分焼く。

3. みかんとすずめを器に盛り、1で残ったソースを回しかける。好みでタイムを添える。

第 **4** 章

食肉利活用のための取り組み

今のところ、ジビエを楽しむ機会は、ごく限られているのが現状です。
ジビエをもっと多くの人に楽しんでもらうための、
さまざまな取り組みについて紹介していきます。

食肉活動のための取り組み

一般社団法人ラーメン協会の取り組み

ラーメンとジビエの組み合わせは、相性がとても良いと言われています。気軽に食べられる
ラーメンにジビエ肉を使うことで、ジビエ肉をより身近に感じること間違いなしです。

ラーメンは
ジビエ肉との相性抜群

　味香り戦略研究所の研究開発部部長を務める早坂浩史さんは、コクが求められるラーメンにおいて、鹿肉は相性抜群と語っています。コクとは複数の味要素が厚みを出した味わいのこと。味を計測する機械「味覚センサー」は甘味、塩味、旨味、酸味、苦味の基本の5味に加え、渋味を加えたものを「先味」「後味」で数値化しています。鹿骨でとった鹿スープは、酸味の数値が出たものの、酸っぱさという酸味ではなく、コクにつながるものでした。鹿骨をスープに使用することで、コクのあるラーメンを作ることが可能と言えます。また、ラーメンスープの何層にも折り重なる味の深みに鹿肉スープを合わせることで、さらなる余韻を醸し出す相乗効果が期待できます。

ラーメン×ジビエの相乗効果

　鹿を使ったスープは、本来の鶏肉や豚肉、魚介などのほかのラーメンスープに合わせることで、コクを強める効果があります。それは前述の通り、鹿スープ自体に「コク」につながる要素が多く含まれているためです。タンパク質の豊富な鹿肉は、タンパク質が分解されアミノ酸とペプチドになるときに、"うま味"に変化します。そしてその"うま味"をほかの"うま味"成分と掛け合わせることで、コクを強める相乗効果が発揮されるのです。ラーメンの味をグレードアップできるメリットは、ラーメン業界全体で見過ごせない事実です。そしてジビエの流通改善が行われている昨今、少しずつ鹿骨や鹿肉の入手がしやすくなっていくことを踏まえると、ラーメン開発のこれからの展開が期待されます。

ラーメン×ジビエの社会貢献度

　美味しいスープが作れるジビエは、ラーメン業界としても骨まで使い尽くしたい食材といえます。しかし害獣として駆除されているシカやイノシシのうち、およそ10%しか食用として消費されず、ほとんどが廃棄されています。それはジビエの衛生面リスクも関係していたのですが、2014年に厚生労働省が定めたガイドラインができてから、食用として使用できるようになり、入手がしやすくなってきています。野生鳥獣専用の処理施設は全国に500箇所以上と、ほとんどの県にあります。自治体の駆除対象として多くが廃棄されているシカやイノシシを、ラーメンづくりのために消費していくしくみを作り、需要を確立させることで、若いハンターなどの新たな雇用につなげていければ、経済活動を含めた大きな社会貢献になると考えられます。

廃棄率の高い骨を活用

　ジビエ肉を調理し消費しているお店でも、廃棄することがほとんどなのが骨の部分です。しかし、ラーメンになると話が変わってきます。スープを炊くときに鹿骨を使用することで、コクが豊富な鹿スープを作ることができるのです。つまり普段ほぼ確実に廃棄される骨は、ラーメン業界ではレパートリーを広げられる原石なのです。さらに、同じく廃棄されやすいスネや、皮などの部位も商品にすることが可能になります。また、ジビエラーメンの販売実施をした店舗では、完食率の向上なども見られていることから、ジビエラーメンの"うま味"は一般受けすることがわかります。豚骨や鶏ガラの仕入れ値より、廃棄コストを加工・配送のコストに転換したほうが、原価を抑えることが可能になるのもラーメン業界的には嬉しいポイントです。

食肉利活用編 — ラーメン協会の取り組み

日本ラーメン協会主催のジビエセミナー

ラーメンの実業団体として活動している日本ラーメン協会も、ジビエとラーメンについてのセミナー開催などを活発に行なっています。セミナーでは、ジビエとラーメンの関係性や利害性などの説明、ジビエの扱い方などの説明が行われます。ラーメン業界から見たジビエ食材の活用法やレシピの提案などをする場になります。ラーメン事業に関わる人には必見のセミナーです。また、既存のラーメンスープに鹿スープを使用した場合の味覚分析をデモンストレーションで行うなど、ラーメンとジビエの関係を科学的に考えたアプローチもされています。ジビエ食材とラーメンの、お互いの"うま味"を引き出し合う相性の良さは、他の外食産業をよりリードすることができる切り口と考えられ、注目されています。

ジビエスープの可能性

鹿のスープは、既存のスープに混ぜることで今までにないコクや"うま味"といった味を深める効果が大きいうえ、そのスープの作り方もいたってシンプルです。例えば海鮮系のスープは、繊細な火加減が味の全てを左右しますが、鹿スープでは脊髄を取り除いた鹿骨を流水で血抜き、またはオーブンでローストして、あとは豚骨や鶏ガラのようにひたすら煮込むだけです。スープの"うま味"を引き出すための仕込みがとても簡単にできるのも魅力のひとつです。ただ、現状では流通の不安定さや認可施設の少なさから、ラーメン業界での拡散は難しいため、行政やジビエ業界の支援や協力が不可欠となっています。安定供給が実現し、価格などをおさえていけるようにすることが、今後の課題になります。

（ 鹿スープの仕込み方 ）

1 ローストする
脊髄を取り、出汁が出やすいよう骨を割ってからオーブンでローストする。

2 9時間後
100度をキープして煮込み続けると、9時間後には甘みや酸味が感じられるようになる。

3 弱火で20時間
火加減に気をつけて20時間煮込むと、深いコクのある鹿スープの完成。

4 ジビエラーメンの完成
鹿100%のスープをラーメンタレと合わせて、ジビエラーメンになる。

取材協力：株式会社　味香り戦略研究所／拳ラーメン（京都）／一般社団法人　日本ラーメン協会

食肉利活用のための取り組み

ジビエ料理コンテスト

ジビエ料理を世間一般に浸透させるため、日本ジビエ振興協会は、
さまざまな活動を試みています。その取り組みのひとつが、ジビエ料理コンテストです。

ジビエ料理の需要を拡大する活動

ジビエ肉の魅力は、何と言っても家畜にはな滋味があるところです。運動量も多く自然の中でエサを得て育った鹿や猪は、引き締まった肉質が特徴で、栄養も豊富に含まれています。そんなジビエ肉を日常的な食材として世間に広げていくために、ジビエ料理のコンテストが定期的に開催されています。コンテストでは料理家などのプロやアマチュアを問わず、安全で親しみやすいメニューをテーマごとに募り、受賞料理を決めます。審査はテーマに合わせて、親しみやすいものか、一般的に調理可能なものかなどありますが、共通して❶ジビエ肉の美味しさを目立たせるような食材の組み合わせ、調理法、盛り付けなどの工夫がされているか ❷適切な加熱処理などで安全に調理し肉の栄養を生かせているか といった点がチェックされます。

多くの応募から選ばれた受賞料理は、発表と一緒にジビエを生かせているポイントなど、賞賛が送られる。

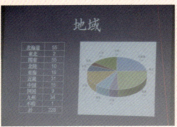

ジビエがより身近にある北海道と、さまざまな地域の人が集まる関東の応募数がダントツで多い結果になった。

ジビエ料理への理解を深める

コンテストでは、応募料理を審査した結果発表と授賞式が行われ、受賞者のジビエ料理への熱い思いが語られます。さらにジビエについての理解を深めるため、応募状況や応募料理の傾向などをデータ化したものの発表も行われます。応募数から地域別統計や、使われやすい食材などがまとめられ、ジビエ料理の現状を学ぶことができます。

受賞料理を実食して
ジビエに親しむ

授賞式が終わると、受賞料理を実際に食べる試食会が開かれます。各々が工夫を凝らした料理が並び、楽しみながらジビエ料理への見解を深めることができるのは貴重な時間。審査員や受賞者が交流することもできる場となっているので、ジビエの今後についての意見交換ができるのもコンテストの醍醐味のひとつ。

受賞料理が一堂に並ぶのは圧巻。少量ずつになっているので、多くのジビエ料理を楽しむことができる。

丁寧に盛り付けられた料理は受賞者の情熱が感じられ、完成された一皿となっているので食べ応えもある。

これまでのコンテストについて

第1回 プロによるジビエ料理

シェフなどのプロが対象。一般消費者に向けた、プロならではのアイデアやコツが入った料理が集まった。肉への理解度、処理の的確さをはじめ、家庭でも再現可能なレシピであるかが重視される。

■ 受賞料理

農林水産大臣賞：天池大造さん
「猪舞ふりっと（猪肉のグージョネットフライ）」

シカ部門
最優秀賞：更井亮介さん　「鹿すじ肉の肉じゃがクロケット」
優秀賞：岡田三郎さん　「鹿肉のにんにく辛味噌炒め 熱油仕立て」

イノシシ部門
最優秀賞：畑中亮一さん　「猪肉のカイエット」
優秀賞：磯村悠介さん　「シシ巻き玉子」

第2回 プロ・アマ問わず親しみやすい料理

シェフや調理師以外にも、プロを目指す学生や主婦といったアマチュアまでが対象。家庭料理部門と給食アイディア料理部門で分けた募集が行われ、多くの親しみやすいジビエ料理の応募が集まった。

■ 受賞料理

家庭料理部門
農林水産大臣賞：三村美佳さん　「鹿ボール」
農林水産省農村振興局 局長賞：藤井順子さん
「ジビエと畑の塩ケーキ」
国産ジビエ流通規格検討協議会 会長賞：佐藤洋子さん
「鹿deあったか♪ ヘルシー☆チゲ」

給食アイディア料理部門
農林水産大臣賞：津幡恵一さん　「鹿カツドッグ」
農林水産省農村振興局 局長賞：西村陽子さん
「鹿モモ肉のミートボールペンネ」
国産ジビエ流通規格検討協議会 会長賞：林真理さん
「鉄分アップのボルシチ」

ジビエ料理を身近に感じてもらうために

　鳥獣利活用推進支援事業である、ジビエ料理コンテストは第6回まで開催されています（2022年現在）。一人でも多くの消費者に気軽に美味しく、ジビエ料理を身近に感じてもらうため、これからも定期的に開催されます。そのほかにもジビエ肉は入手や調理が大変そう、味のクセが強そうといったイメージから抜け出して、美味しさを知ってもらうための取り組みを積極的に行う予定です。

受賞料理のレシピはホームページで公開中　http://www.gibier.or.jp/

> 食肉利活用編 ｜ ジビエ料理コンテスト

食肉利活用のための取り組み

各地でのフェア・セミナー

ジビエにより親しんでもらうために、フェアやセミナーといった催しが各地で定期的に開催されています。正しいジビエの知識を広めながら、ジビエの魅力を伝える大切なイベントです。

全国のジビエが楽しめるフェア

ジビエに関するフェアなどのイベントは、料理コンテストだけではありません。季節ごとにジビエ料理が楽しめるよう、全国の飲食店が期間限定で行うジビエフェアも気軽にジビエを楽しむのに最適です。全国でジビエ料理に親しみのある飲食店が参加するので、コンテストなどのイベントの開催地が遠くてジビエ料理を食べたいけれど参加が難しいといった悩みもなく、存分に食べることができます。そしてジビエ料理に関心を持っても、どこで食べられるかわからないという疑問も解消してくれます。また、旅行先で現地のジビエ料理を楽しみたいときも、サイトにジビエ料理の提供店がわかりやすくまとめられているので参考になります。フェアに合わせてキャンペーン情報や、家庭でも作れるジビエレシピも公開されるので、お家ジビエに挑戦したい人にもおすすめです。詳しくは日本ジビエ振興協会のホームページで紹介しています。

日本ジビエサミットの開催！

年1回開催される「日本ジビエサミット」では、ジビエの捕獲・解体・加工・流通・販売における優良事例や研究成果・最新情報を紹介し、ジビエを通して地域の課題解決を目指します。

ジビエを学べるプログラム盛りだくさん

視察体験プログラム
これまでに、食肉処理施設視察や、狩猟エコツアーなどが実施されている。施設の運営についてやジビエを取り入れた観光メニュー開発のポイントなどが学べる。

ジビエ料理講習会
肉質の特徴を知り、適した加熱調理法や、衛生管理方法について学ぶ。国産ジビエ肉の魅力を最大限に引き出す調理法を、デモンストレーションで紹介。

公演・セミナープログラム
地域観光資源としての可能性から、捕獲技術、寄生虫や感染症の知識、栄養分、ICT活用事例などを紹介するなど、ジビエに関することれまでとこれからを学ぶ。

ワークショップ・展示
シカの皮を利用して革細工を作るなど、ワークショップを展開。「食す」以外での有効活用を知る。関連企業や学生の取り組みについての展示も行われる。

食肉利活用編 — 各地でのフェア・セミナー

プロ向け国産ジビエ料理セミナーの開催

「国産ジビエ認証制度」が始まったことを受け、ジビエは注目度の高い食材になりつつあります。しかし、正しく取り扱わないと、食品事故などのトラブルの原因になります。飲食店では猟師から直接ではなく、食肉処理施設から仕入れなければならない、生食やタタキなどのメニューはNGなど、流通や調理、衛生管理に関するルールがあります。日本ジビエ振興協会では、安全でおいしいジビエ料理を提供するために、飲食店が留意すべき知識と調理技術を伝える「プロ向けジビエ料理セミナー」を定期的に開催しています。

ジビエの利用推進に必要な人材育成

ジビエは野生のものであり、家畜のように管理できず、画一的な環境で生み出されるものではないうえに、捕獲や処理の仕方には地域性が色濃くあらわれます。ほかの食肉と同様に消費者が安心して購入し、安定的に供給される食材になるには、捕獲や解体処理技術の平準化、歩留まりを向上させる知識や技術の普及、食肉処理施設の健全な運営を考える目線、営業戦略、商品開発力などが必要になります。ジビエの現場をよく知り、助言ができる人材が各地域に求められています。

教育機関でのジビエ・プログラム

ジビエの正しい取扱い知識と調理技術を学べる場面は、非常に少ないのが現状です。プロの料理人でもフランス料理やイタリア料理に携わっていなければ、ジビエを取り扱うことはほとんどありません。日本ジビエ振興協会では、調理師専門学校で学ぶ学生に向けて、日本の里山の現状やジビエの流通ルール、衛生管理や調理技術を学ぶプログラムを提供しています。2017年より辻調グループと協同で学生向けのジビエ料理指導、解体処理施設を見学する校外学習、枝肉から精肉する実習などが実施されています。さらに、全国の調理師専門学校の教員向けにジビエの授業の実施方法を解説するセミナーも行っています。

食肉利活用のための取り組み

ジビエ利用拡大に向けた取り組み

消費の拡大・食肉処理施設の安定した運営のため、
大消費地へ向けた広域流通を目指す必要性が高まっています。

（ 国産ジビエ認証で一目でわかる安心を ）

「国産ジビエ認証制度」とは

　農林水産省が制定した、捕獲した野生のシカ・イノシシを正しく処理する食肉処理施設を認証する制度です。厚生労働省の「野生鳥獣肉の衛生管理に関する方針（ガイドライン）」に沿って適切に処理を行っていることが絶対条件になります。この制度で、施設が認証されることにより、安全なジビエ提供と消費者のジビエに対する安心を確保することが可能になります。

認証をする体制

　国産ジビエ認証委員会が、捕獲・流通・販売・消費に関わる有職者で構成され、制度の運用方法を検討しています。認証機関の選定と登録を国産ジビエ認証委員会が行っています。

認証マークの取得と使用について

　審査をクリアしたら、「国産ジビエ認証マーク」をジビエ肉の出荷時に使用することが可能になります。このマークがついていることにより、徹底した基準をクリアした安心で安全な肉という証明が一目でわかり、消費者に安心感を覚えてもらえます。認証後、ジビエ製品用や加工食品用など目的に合わせて、マークの使用許諾申請を出せば、すぐに使用ができます。認証マークを使用するときは、「認証マーク使用マニュアル」を守ることが絶対条件になります。

国産ジビエ認証制度のできるまで

ジビエは昔から地域内で完結する食文化として、限られたエリアで少量消費されてきた。

> 牡丹鍋などの郷土料理として、地元でのみ食べられていた。

シカやイノシシの個体数が増加。農業被害などにより、有害野生鳥獣捕獲の実施がされ、地域で消費しきれない量の捕獲になる。

> 厚生労働省による、野生鳥獣肉の衛生管理に関する方針（ガイドライン）の策定と、食肉利用の促進支援の開始。

処理施設ごとで衛生管理のレベルに差があり、品質にもばらつきがあるため、形状の不一致は外食産業では扱いにくい。

全国統一のルールを作成し、安全性を客観的に確認するしくみが必要になる。

2018年5月「国産ジビエ認証制度」が制定

飲食店・消費者が安心して購入できるよう、統一ルールのカット法と、部位の形状の統一を行うことに。その結果、衛生管理の厳しい学校給食や大手外食店、病院などで利用できる食材として認められる。

ジビエ利用拡大に向けた国の主な取り組み

ジビエをビジネスとして、持続的に良質で安全な供給をするためには、捕獲から搬送、処理加工までをしっかりと確立させていく必要があります。たとえば捕獲頭数を確保するために、さまざまな取り組みに交付金として支援を行っています。また、迅速な運搬・処理による肉質の向上と、それらを実現するための人材の確保とスキルアップに

も力を入れています。そもそも捕獲頭数や肉質を向上させて、食肉提供量を増加させるには人材の確保が欠かせないのです。そして安全性確保のための認証制度も新設されました。商品情報の見える化により、安全性とともに広くジビエが普及されていくことが期待されます。なお、農林水産省における主な取り組みをご紹介します。

ジビエ利用拡大コーナー　農林水産省HPより　http://www.maff.go.jp/j/nousin/gibier/

ジビエ利用モデル地区

- 捕獲から搬送・処理加工、販売がしっかりとつながったジビエ利用モデル地区を全国から17地区選定。鳥獣対策交付金を活用して本格稼働。

- 国産ジビエ認証や道府県認証を取得し、衛生管理を徹底。合わせて人材育成に向け、全国食肉学校でジビエ基礎セミナーも開催。

国産ジビエ認証制度

- 認証の仕組みを決定し、公表後、認証制度の運用を開始。

- 認証機関の判定委員会を経て、「国産ジビエ認証施設（第1号）」となる食肉処理施設を決定。

全国ジビエプロモーション

- 飲食店でジビエメニューを提供する、全国レベルのフェアを夏と冬に開催。

- 大手メディアの協力のもと、専用ポータルサイト「ジビエト」を開設し、ジビエに関する情報を発信。

ジビエ利用を支援する交付金（平成31年度概算要求）

野生鳥獣被害の深刻化・広域化といった問題に対応するために、地域関係者が取り組む被害対策や、ジビエ利用拡大に向けた取り組みに、支援として交付金の活用が可能です。政策の目標としては、鳥獣被害対策実施隊の設置数を1,200に増加させること、シカ・イノシシを約70万頭捕獲し、ジビエ利用量を増加させることです。事業内容は右記になります。

ハード対策

侵入防止柵、処理加工施設、焼却施設、捕獲技術高度化施設、衛生管理高度化施設、搬入促進施設の整備 など

ソフト対策

- 鳥獣被害対策実施隊、民間団体などによる地域ぐるみの被害防止活動（実施隊、民間団体、新規地区が取り組む場合は定額支給）
- ICTなどの新技術実装による「スマート捕獲」
- 捕獲活動経費の直接支給
- 国産ジビエ認証取得などに向けた支援
- モデル地区取り組みの横展開
- 全国的な需要拡大のためのプロモーション など

食肉利活用編　ジビエ利用拡大に向けた取り組み

鹿肉のカットチャート

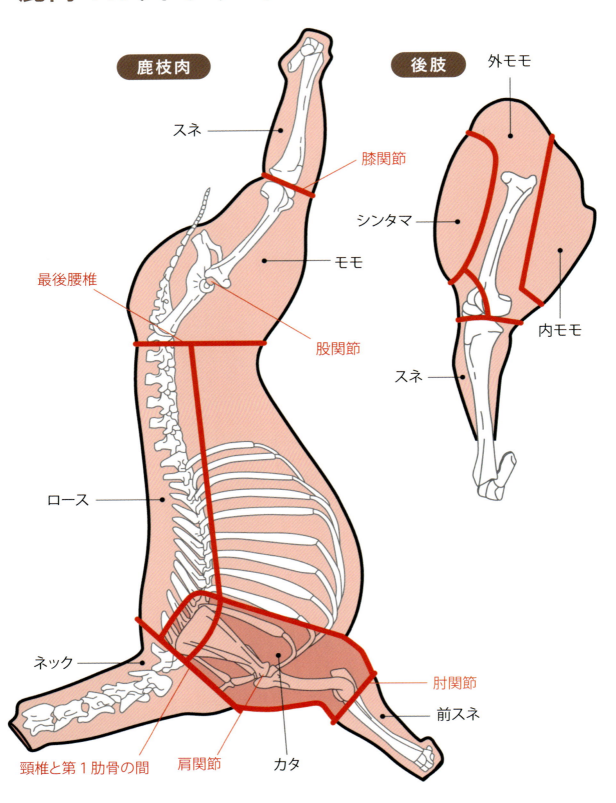

猪肉のカットチャート

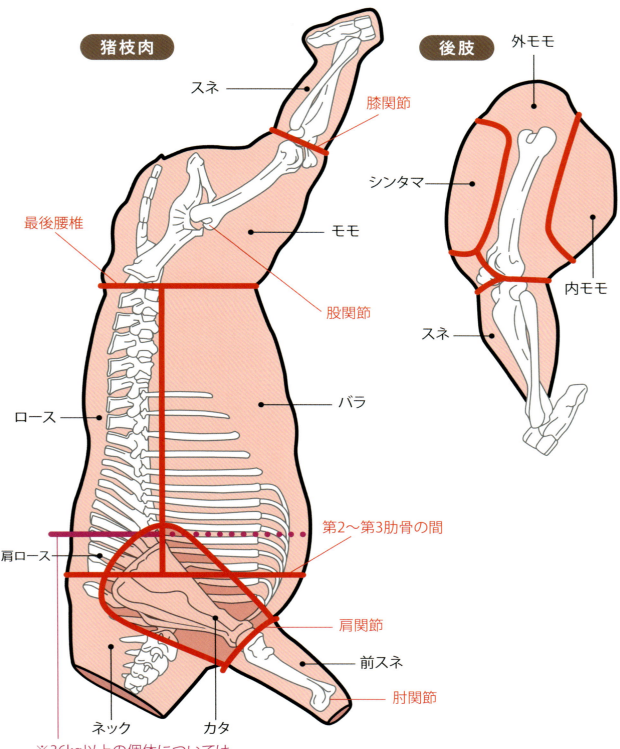

※36kg以上の個体については、
第5〜第6肋骨の間で肩ロースとロースを分ける

監修／一般社団法人 日本ジビエ振興協会

日本国内で適正に捕獲された野生鳥獣を、衛生的に処理・加工し、流通規格に則った安心・安全な流通を経て、美味しく価値ある食の資源として活用するために、ジビエの衛生管理や取り扱いについての正しい知識を普及させ、健全で成熟したジビエのマーケットを創出することを目指して2014年に任意団体からNPO法人に。2017年3月から一般社団法人に。

国産ジビエ認証マーク（日本ジビエ振興協会公認）

消費者がジビエをいつでも安心・安全に食すことができるように、農林水産省が2018年に「国産ジビエ認証制度」を制定（P109参照）。日本ジビエ振興協会で認証を受けたジビエ肉は、ロゴの下部に「日本ジビエ振興協会公認」と記載が入り、大手外食産業や企業との連携、ジビエの特徴を生かしたメニュー提案などにより、販路拡大をバックアップしている。

解体指導／戸井口裕貴

長野県富士見町にある解体処理施設「信州富士見高原ファーム」所属。自身もハンターとして活動しながら、安全・安心で美味しい富士見産ジビエ肉を商品化している。また、食肉処理施設の成功例として、全国で講演や解体講習の講師を務める。

調理指導／藤木徳彦

1998年蓼科高原で「オーベルジュ・エスポワール」をオープン。オーナーシェフとして腕を振るう。地域の食材と環境を活かして、そこでしか味わえない美味しい料理や、そこでしか楽しむことのできない空間でのおもてなしを提唱し、「地産池消の仕事人」として全国各地で地域の魅力を発信するための助言を行っている。また、「（一社）日本ジビエ振興協会」代表理事として、全国各地の自治体と連携してジビエ講習会を開催している。

ジビエ 解体・調理の教科書

2018年11月25日 初版第1刷発行	2024年12月25日 初版第5刷発行
2019年 2月25日 初版第2刷発行	
2019年12月25日 初版第3刷発行	
2022年 7月25日 初版第4刷発行	

監修　　　一般社団法人 日本ジビエ振興協会
発行者　　津田 淳子
発行所　　株式会社グラフィック社
　　　　　〒102-0073
　　　　　東京都千代田区九段北1-14-17
　　　　　Tel.03-3263-4318 Fax.03-3263-5297
　　　　　https://www.graphicsha.co.jp
印刷・製本　TOPPANクロレ株式会社

©2018 Japan Gibier Promotion Association
ISBN978-4-7661-3161-1 C2061 Printed in Japan

定価はカバーに表示してあります。
落丁・乱丁本はお取り換え致します。本書の記載内容の一切について無断転載、転写、引用を禁じます。本書のコピー、スキャン、デジタル化等の無断複製は著作権法上の例外を除き禁じられています。本書を代行業者等の第三者に依頼してスキャンやデジタル化することは、たとえ個人や家庭内の利用であっても著作権法上認められておりません。

STAFF

取材協力	辻調理師専門学校、エコール辻 東京
撮影	三輪友紀（スタジオダンク）、後藤秀二、原田真理
ブックデザイン	松倉 浩・鈴木 友佳
DTP	佐々木麗奈（スタジオダンク）
イラスト	サキザキナリ
執筆協力	穂積直樹
企画・編集協力	渡辺有祐、坂口柚季野（フィグインク）
編集	山本尚子